Sitzungsberichte
der Akademie der Wissenschaften
der DDR
Mathematik – Naturwissenschaften – Technik

Jahrgang 1985 · Nr. 10/N

Eberhard Leibnitz zum 75. Geburtstag

AKADEMIE-VERLAG · BERLIN
1986

Vorträge des Festkolloquiums, veranstaltet von der Klasse Chemie, den Akademie-Instituten in Leipzig und dem URANIA-Präsidium am 7. Februar 1985 anläßlich des 75. Geburtstages von Eberhard Leibnitz, Ordentliches Mitglied der Akademie der Wissenschaften der DDR

Herausgegeben im Auftrage
des Präsidenten der Akademie
der Wissenschaften der DDR
von Vizepräsident Prof. Dr. Heinz Stiller

ISBN 3-05-500002-1
ISSN 0138-3965
Erschienen im Akademie-Verlag, DDR-1086 Berlin, Leipziger Str. 3—4

Lizenznummer: 202 · 100/55/85
Printed in the German Democratic Republic
Gesamtherstellung: VEB Druckhaus Köthen
LSV 1275
Bestellnummer: 763 601 4 (2010/85/10/N)
00600

Inhalt

Klaus Wetzel

Eröffnungsansprache

Verehrter Jubilar,
verehrte Frau Leibnitz,
meine sehr geehrten Damen und Herren,

gestatten Sie mir, zugleich im Namen des Präsidenten der Akademie der Wissenschaften der DDR, des Vorsitzenden der Klasse Chemie, des 1. Vizepräsidenten der URANIA und aller Direktoren der Leipziger Institute der Akademie der Wissenschaften der DDR, Sie zu unserem Festkolloquium aus Anlaß des 75. Geburtstages von Akademiemitglied Leibnitz zu begrüßen und Ihnen für Ihr Kommen zu danken. Ich freue mich, unter den Teilnehmern an unserem Kolloquium die Mitglieder des Präsidiums der URANIA, die hauptamtlichen Mitarbeiter und Funktionäre der Bezirks- und Kreisvorstände der Urania, die Mitglieder des Präsidiums der Akademie der Wissenschaften und Akademiemitglieder sowie führende Repräsentanten der Universitäten, Hochschulen und Forschungseinrichtungen sowie der Industrie der DDR begrüßen zu können.

Sie, lieber Herr Leibnitz, haben hier in Leipzig die Forschungsstätte begründet und aufgebaut, in der wir heute arbeiten. Sie waren Direktor des damaligen Instituts für Verfahrenstechnik der organischen Chemie, Vorsitzender des Direktoriums der Leipziger Institute und hatten zugleich den Lehrstuhl für chemische Technologie an der Karl-Marx-Universität inne. Es sind die Spuren, die Sie hier in Leipzig und hier in der Permoserstraße hinterlassen haben, die die Direktoren der Institute in der Permoserstraße veranlaßt haben, der Akademieleitung und dem Präsidium der URANIA vorzuschlagen, das Festkolloquium gerade an diesem Ort zu veranstalten. Wir wollen damit dem Gründer der Forschungsstätte, in der wir das Glück haben zu arbeiten, unsere Dankbarkeit beweisen, und wir wollen damit auch ausdrücken, daß wir uns als Schüler und als Erben des Jubilars fühlen.

Ich selbst, lieber Herr Leibnitz, kenne Sie seit meinem Chemiestudium an der Karl-Marx-Universität. Ihre Vorlesungen über die chemische Technologie gehören zu den bleibenden schönen Erinnerungen meines Lebens. Es wird mir immer ein Rätsel bleiben, wie Sie es angestellt haben, ein solch umfassendes Wissen über die chemische Technologie und ihre wissenschaftlichen Grundlagen ständig parat zu haben und Ihren Studenten aus dem Stegreif — so mußte uns das zumindest scheinen —

anschaulich, manchmal auch drastisch und damit einprägsam darzubieten. Als ich dann, es war 1957, hier in der Permoserstraße zu arbeiten begann, lernte ich nach dem Hochschullehrer auch den Forscher Leibnitz kennen. Ich bin sicher, daß Herr Lohs Ihre Leistungen an der Spitze unserer damaligen Institute in gültiger Weise würdigen wird. Trotzdem liegt mir als einem Vertreter der Kernforscher in der Permoserstraße eine wertende Aussage so am Herzen, daß ich die Chance, dieses Festkolloquium eröffnen zu dürfen, nutzen möchte, sie selbst vorzutragen. Wir Mitarbeiter des Zentralinstituts für Isotopen- und Strahlenforschung werden nie vergessen, mit welchem Weitblick und mit welchem Engagement Sie damals Forschungsrichtungen initiiert und gefördert haben, von denen Sie genau wußten, daß sie nicht in Ihrem Institut verbleiben werden. Insofern sind Sie auch Gründer der Institute, aus denen unser Zentralinstitut für Isotopen- und Strahlenforschung hervorgegangen ist. Wir wissen, daß das Kraft gekostet hat und daß Sie sich dabei zuweilen auch gegenüber den Mitarbeitern des eigenen Instituts durchsetzen mußten.

Verehrter Herr Leibnitz, wir möchten Ihnen zu Ihrem 75. Geburtstag Gesundheit, Erhaltung Ihrer geistigen Frische und Tatkraft und Ihnen und Ihrer Familie Wohlergehen wünschen. Betrachten Sie dieses Festkolloquium bitte als Ausdruck unserer Hochachtung vor dem und als Ausdruck unseres Dankes für das, was Sie für die Deutsche Demokratische Republik, für den wissenschaftlich-technischen Fortschritt in unserem Lande, für die Akademie der Wissenschaften der DDR und für die Institute in der Permoserstraße geleistet haben.

Karlheinz Lohs

Laudatio

Lieber und hochverehrter EBERHARD LEIBNITZ,

mir ist die besondere Ehre zugefallen, hier die Laudatio auf Ihr Wirken zu halten. In diesem Raume sitzen heute viele Ihrer Schüler, Kollegen, Freunde und Genossen, die dies aus reicher Kenntnis Ihres Schaffens ebenso tun könnten — ja, und es ist gewiß nicht übertrieben, wenn ich sage, daß es auch draußen in unserem Land viele, viele Bürgerinnen und Bürger gibt, die bereit und in der Lage wären, zur Person und zum Lebenswerk von EBERHARD LEIBNITZ sich spontan zu äußern. Welches Glück für einen Gelehrten, der dies von sich sagen darf, daß er so fest im Bewußtsein seines Volkes verwurzelt ist, daß sein Gelehrtenleben solche Spuren hinterläßt, daß vierzig Jahre seines rastlosen Schaffens so sehr das Antlitz des Landes mitgeprägt und zum Guten verändert haben!

Zu Ihrem 75. Geburtstag sind Ihnen in den letzten Tagen so viele Beweise tiefer Sympathie und republikweiter Verehrung zugegangen, ist Ihr Leben so vielfältig beleuchtet worden, daß es hier und heute müßig wäre, wollte ich mich der Mühe unterziehen, nach all dem schon Gesagten und Geschriebenen nun noch einmal Ihre Biographie nachzuzeichnen, noch einmal alle Ihre Erfolge aufzulisten, zum wiederholten Male zu beweisen, wie sehr mit Ihnen und durch Sie die Chemie in unserem Land gestaltet und — man gestatte mir diese Zuspitzung — auch als wissenschaftliche Kategorie bewahrt wurde. Viel besser, als ich es je könnte, hat anläßlich Ihres 65. Geburtstages unser damaliger Akademiepräsident, Herr KLARE, Ihr Wirken als Chemiker gewürdigt; an Ihrem 70. Geburtstag war es Ihr Mitstreiter LUTZ FLEISCHER, der als Vizepräsident der URANIA die besonderen Aspekte Ihres Wirkens als Präsident der URANIA uns plastisch vor Augen geführt hat. Was kann ich all dem noch an Bemerkenswertem hinzufügen? Wenn überhaupt, dann wohl nur noch einige, ganz subjektiv empfundene Dinge, die aus meinem Erleben mit Ihnen als einem meiner Lehrer und als Ihr spätere Begleiter, Freund und Mitstreiter auf sehr unterschiedlichen Gebieten mir in der Erinnerung verblieben sind.

In der heutigen Zeit ist es für die jungen Menschen, die sich der Wissenschaft widmen wollen, kaum zu begreifen, daß es noch vor 30 bis 40 Jahren selbstverständlich gewesen ist, in täglichem Kontakt mit seinem Professor an der Hochschule oder im Forschungsinstitut zu stehen, stundenlang mit ihm fachliche Probleme zu diskutieren, mit ihm gemeinsam Experimente durchzuführen und am Abend auch 'mal ein Bier mit ihm zu trinken oder auf einer der damals regelmäßigen Exkursionen sowie bei gemeinsamen Tagungsbesuchen seine ungeschminkten Ansichten über „die große Welt“ und „die hübschen kleinen Mädchen“ zu erfahren. Ich habe in dieser glücklichen Zeit studiert, und Sie waren neben Wilhelm Treibs, Leopold Wolf und Werner Ilberg unter denen, die wir als Studenten so kennen- und schätzenlernten. Damals war es wohl besonders Ihre Vortragskunst – ja, Kunst ist hier ein treffender Ausdruck – die alle Zuhörer so faszinierte, daß man am Ende der Stunde zwar kaum etwas mitgeschrieben, aber dafür mitgedacht hatte und von Ihrer Begeisterung für die Sache angesteckt worden war. Sie haben es stets verstanden, die Chemie und Technologie als Wagnis, als Erlebnis, als Herausforderung und als „die Mutter aller Dinge“ zu präsentieren. Jederzeit haben Sie sich dabei voll mit Ihren Anschauungen persönlich identifiziert. Wenn Sie dabei gelegentlich die Woge Ihrer eigenen Begeisterung weit über das eigentliche Thema der Vorlesung hinaustrug, dann war wohl niemand im Hörsaal, der deshalb gegrollt hätte, denn jeder empfand, daß hier ein Chemiker sprach, der es mit Leib und Seele ist.

Ich habe nun das ganz besondere Glück gehabt, Sie über viele Jahre hin auch auf einigen Ihrer zahlreichen Auslandsreisen zu begleiten und hierbei zu erleben, wie Sie zum Beispiel im Rahmen der Internationalen Pugwash-Bewegung sich mit Vehemenz, mit Sachverstand und oftmals auch mit kluger List zum Sprecher für Frieden, Abrüstung und gesellschaftlichen Fortschritt gemacht haben. Ich sehe die stets erstaunten und faszinierten Gesichter Ihrer ausländischen Zuhörer vor mir, die Sie mit der gleichen Sprachgewandtheit und Formulierungskunst, wie sie Ihnen im Deutschen eigen ist, in der englischen Sprache zu beeindrucken verstanden, wie Sie die Sache des Sozialismus vertreten; stets getragen von einer in der Lebenserfahrung verwurzelten Überzeugung von der Richtigkeit des Ringens um den Frieden und der Existenznotwendigkeit des Kampfes gegen Ausbeutung, Militarismus, Rassismus und Wettrüsten.

Die Zeit reicht nicht aus, um hier alle die zu nennen, die in diesen Pugwash-Konferenzen in Wien, Mühlhausen, München, Warschau, Venedig, Banff, Breukelen, Björkliden usw. mit Ihnen diskutierten und Ihren Vorträgen aufmerksam gefolgt sind. Unter diesen Zuhörern waren amtierende oder ehemalige Regierungschefs wie Horst Sindermann, Bruno Kreisky, Olaf Palme, Josef Cyrankewicz, ebenso wie zahlreiche Nobelpreisträger und andere hochkarätige Gelehrte von Weltruf sowie bedeutende Vertreter der internationalen Wirtschaft, des Finanzwesens und der Kulturpolitik; ein Blick in die Teilnehmerlisten dieser Veranstaltungen macht deutlich, welche Repräsentanz der Natur- und Gesellschaftswissenschaftler aus Ost und West, Nord und Süd sich alljährlich unter diesem Dach der Pugwash-Bewegung zusammenfindet. Wenn Sie nun schon viele Jahre im Pugwash-Council als Repräsentant der DDR erfolgreich wirken, dann ist dies nicht allein ein Politikum hohen Ranges, sondern auch ein Ausdruck höchster internationaler Wertschätzung als – lassen Sie mich dieses Wort hier gebrauchen – Friedensforscher aus der Welt des Sozialismus.

Es ist nur allzu verständlich, daß ein Mensch, der so wirksam wie unser Jubilar ist, nicht nur Freunde hatte, denn bis heute sind Mißgunst und Neid auch in der Wissenschaft noch nicht ausgestorben. So kamen manche Ihrer weitreichenden Gedanken und Vorschläge nicht zum Tragen. Manche Vorhersagen wurden erst im Nachhinein — als es zu spät war — für richtig erkannt, und Ihnen blieb auch die Bitternis nicht erspart, die wohl fast jeder Leiter von Kollektiven erlebt, daß man gelegentlich auch „Schlangen an seinem Busen genährt" hat. Nun, lieber EBERHARD LEIBNITZ, letzteres ist nicht das Thema des Tages. Die Zeit ist längst über die hinweggeschritten, die in ideologischer Enge und mit geistigem Unvermögen sich Ihnen in den Weg stellten.

Wir haben von Ihnen gelernt, daß sich Prinzipienfestigkeit und Toleranz gegen Andersdenkende nicht ausschließen, daß Weltoffenheit und Treue zur DDR eine Einheit bilden müssen, daß Wissenschaft keine regulierbare Arbeitszeit und formulargetreue Einordnung kennt — kurzum, wir sehen in Ihnen den lebendigen Beleg dafür, daß Wissenschaft in hohem Maße vom Mut zum Neuen und zur Selbstüberwindung abhängt und daß Leistung in der Wissenschaft Souveränität im Denken, Unabhängigkeit im Urteil und Vertrauen zum Kollektiv der Mitarbeiter einschließt. Alle diese Voraussetzungen sind Ihnen gegeben bis auf den heutigen Tag — und der Erfolg hat Sie nicht verlassen! Dieser Erfolg liegt aber wohl auch in Ihrem Naturell begründet, denn Wissen und Wollen allein genügen nicht, man muß dazu auch mit einer Frohnatur, mit einem Sinn für Schönes und einer inneren Ruhe ausgestattet sein. So dürfte es nur ganz wenige geben, die Sie über mehr als eine Stunde mit schlechter Laune gesehen haben oder die von Ihnen selbst in großen Meinungsverschiedenheiten lautstark angesprochen oder gar beschimpft worden wären. Aber dort, wo es nötig war, haben Sie mit leichtem Anheben der Stimme mehr Eindruck gemacht als derjenige, der Lautstärke mit Rechthaben verwechselt. Bemerkenswerterweise war und ist Ihnen Hektik zuwider, und selbst bei größtem Termindruck verläßt Sie nicht die Ruhe, die Sie damit auch auf Ihre Umwelt „abstrahlen".

Ich glaube, diese Laudatio wäre unvollkommen, wenn ich abschließend nicht auf einen ganz wesentlichen Kraftquell eingehen würde, der Ihnen Ihr Wirken in dieser Art und diesem Umfang möglich gemacht hat. Es ist dies Ihre Familie, und insbesondere Ihre liebe Frau. — Nur allzu oft bleibt in den Biographien bedeutender Wissenschaftler unerwähnt, wie sehr ein stabiles Familiengefüge die sichere Basis des beruflichen und gesellschaftlichen Erfolges bildet. Leider findet die Frau des Gelehrten nur selten Erwähnung, insbesondere wenn sie gar „nur" als Hausfrau und Mutter wirksam wird. So soll wenigstens in diesem Rahmen die Würdigung Ihrer Leistungen auch an die Ihrer lieben Frau gebunden werden.

Lieber EBERHARD LEIBNITZ, ich bin am Ende meiner kleinen Rede. Vielleicht hat sie Ihnen ein wenig Freude bereitet — dies um so mehr, als sie in dem Haus gehalten wurde, das Sie aus Trümmern selbst mit geschaffen haben, wo Sie Fachgebiete wie die Biotechnologie und die chemische Toxikologie zu einer Zeit angesiedelt haben, in der selbst viele Ihrer Fachkollegen noch der Auffassung waren, dies hätte nichts mit Chemie zu tun und wäre reine Biologen- und Medizinerdomäne.

Wir hoffen für Sie und wünschen uns alle, daß Sie noch viele Jahre in Gesundheit und immerwährender Freude an der weiteren Entwicklung der chemischen Wissenschaft und am Erstarken unserer Republik Anteil nehmen können.
Wir alle danken Ihnen!

Siegfried Nowak

Neue Wege zu niederen Olefinen

Niedere Olefine bilden neben aromatischen Kohlenwasserstoffen die Basis für die chemische Industrie. Ihre Erzeugung und kostengünstige Bereitstellung steht daher seit vielen Jahren im Mittelpunkt von Forschung und Entwicklung in vielen Ländern der Welt.

Die Entwicklung und die Fortschritte auf dem Gebiet der Olefinerzeugung wurden in den letzten Jahren vor allem durch konstruktive Veränderungen und technologische Verbesserungen bzw. Weiterentwicklung der Pyrolyseanlagen bestimmt. Ausdruck dieser Entwicklung sind:

- höhere Raum-Zeit-Ausbeuten,
- die Anhebung der Selektivität vor allem hinsichtlich der Ethylenausbeute,
- eine höhere Rohstoffflexibilität von bestehenden Anlagen,
- längere Laufzeiten der Anlagen zwischen zwei Entkokungen,
- der Bau und die Inbetriebnahme von großen Anlagenkapazitäten und
- die Verbesserung des energetischen Wirkungsgrades von Pyrolyseanlagen insbesondere im Hinblick auf die bessere Nutzung der Abwärme.

Im Ergebnis dieser Entwicklung entstanden die bekannten Ofenkonstruktionen von Linde-Selas (LSCC – Linde-Selas-Combined-Coil), die SRT-Typen (Short Residence Time) der Lummus, die Kurzzeitpyrolyseöfen von Pullmann Kellogg, der Lurgi GmbH und von KTI sowie der USC-Prozeß (Ultra-Selective Conversion) der Firma Stone & Webster Engng. Co. sowie weitere Verfahrensentwicklungen.

Die Entwicklung auf dem Gebiet der Olefinerzeugung wird zum gegenwärtigen Zeitpunkt in den einzelnen Ländern in immer stärkerem Maße durch die vorhandenen Rohstoffe bestimmt. Während der Einsatz von Flüssiggasen für die Olefinerzeugung in den USA und auch in der UdSSR noch für einen langen Zeitraum aktuell bleiben wird, zeichnet sich in vielen Ländern der Welt, insbesondere in Europa und Japan, aber auch in der UdSSR und den USA ein deutlicher Trend zur Verarbeitung hochsiedender wasserstoffarmer Einsatzprodukte für die Olefinerzeugung ab. Aufgrund der Verfügbarkeit und der großen Schwankungen unterliegenden Preisentwicklung für Erdöl und Erdölprodukte (insbesondere von Benzinfraktionen) gibt es international sehr intensive Bemühungen, Kohlenwasserstoffe carbochemischen Ursprungs für die Olefinerzeugung aufzufinden und auf ihre Brauchbarkeit zu testen.

Die Tab. 1 zeigt einen Überblick über potentielle Rohstoffe für die Olefinerzeugung.

Tab. 1 Potentielle Rohstoffe für die Olefinerzeugung

Erdölstämmige Kohlenwasserstoffe
Flüssiggase
Benzinfraktionen
Kerosin- und Gasölfraktionen
Vakuumgasöle
Rückstände
Ölsande
Ölschiefer
Kohlestämmige Kohlenwasserstoffe
Synthesegas
Methanol
Flüssigprodukte aus der Kohleverflüssigung
Fischer-Tropsch-Produkte
Sonstige
Ethanol aus unterschiedlichen Rohstoffen (Biomasse, Carbonylierung von Methanol, u.a.)

Welchen Anteil die verschiedenen Rohstoffe für die Olefinerzeugung 1990 oder im Jahre 2000 besitzen, läßt sich zum gegenwärtigen Zeitpunkt nicht voraussagen und wird sowohl von territorialen und ökonomischen Faktoren abhängen und von vorhandenen technologischen Lösungen bestimmt. Der Übergang von klassischen Pyrolyseeinsatzprodukten, wie Gasen und Benzinfraktionen zu hochsiedenden wasserstoffarmen Kohlenwasserstoff-Fraktionen aus Erdöl oder auch aus der Kohleverarbeitung, wie die Gewinnung von Olefinen aus Synthesegas bzw. Methanol erfordern in jedem Falle Verfahren für die Vorbehandlung der hochsiedenden Rohstoffe und konstruktive Veränderungen bestehender Pyrolysetechnologien oder gänzlich neue technologische Lösungen (wie Katalysatorentwicklungen und katalytische Prozesse).

In meinem heutigen Vortrag möchte ich einige grundlegende Ergebnisse der Pyrolyse von hochsiedenden Kohlenwasserstoff-Fraktionen und einige neue Ergebnisse, die wir bei der Wandlung von Methanol in niedere Olefine gefunden haben, darlegen.

Die langjährigen Untersuchungen zur Pyrolyse hochsiedender Kohlenwasserstoff-Fraktionen an unserem Zentralinstitut für Organische Chemie, an denen insbesondere Prof. Zimmermann und Dr. Günschel großen Anteil haben, ergaben, daß das mit steigender Siedelage schlechter werdende Spaltverfahren von hochsiedenden Kohlenwasserstoff-Fraktionen (wie niedrige Olefinausbeute, hoher Anfall an Pyrolyseöl und Koks) weniger auf das zunehmende Molekulargewicht dieser Fraktionen, sondern auf den höheren Gehalt an aromatischen Kohlenwasserstoffen zurückgeführt werden muß. Während in Benzinfraktionen das Ring-Kohlenwasserstoff-Paraffin-Verhältnis bei 30:70 liegt, steigt es in Gasölen auf Verhältnisse von 50:50 an und erreicht in

Vakuumgasölen Werte von etwa 70:30. Insbesondere die bi- und mehrcyclischen Kohlenwasserstoffe führen unter den Bedingungen der Pyrolyse zu einer verstärkten Kohlenablagerung im Reaktor und im Quenchkühler und damit zu kürzeren Laufzeiten der Pyrolyseanlage.

Ausgehend von diesem ermittelten Tatbestand haben wir in enger Zusammenarbeit mit dem VEB Leuna-Werke „Walter Ulbricht" Methoden und Katalysatoren entwickelt, um die störenden Aromaten aus Pyrolyserohstoffen zu entfernen bzw. in solche Strukturtypen zu wandeln, die zu keinen Erschwernissen in der Pyrolyse führen. Um gut spaltbare Einsatzprodukte für die Pyrolyse zu gewinnen, hat sich die katalytische Hochdruckhydrierung unter weitgehendem Erhalt der Kohlenstoffstruktur für Mitteldestillate, wie Kerosin und atmosphärisches Gasöl als geeignet erwiesen. Um aber Vakuumgasölfraktionen in qualitativ akzeptable Pyrolyseeinsatzprodukte zu wandeln, genügt eine katalytische Hydrierung nicht. Hierfür ist eine die Aromatenstruktur veränderte Hydrospaltung erforderlich.

Die für die Olefinerzeugung eingesetzten straigth-run und hydrokatalytisch vorbehandelten Kohlenwasserstoff-Fraktionen sowie eine allgemeine Charakterisierung dieser Fraktionen hinsichtlich des Aromatengehaltes und des BMCI-Wertes (Bureau of Mines Correlation Index), der sich als brauchbare Größe zur Abschätzung der zu erwartenden Olefinausbeuten aus Kohlenwasserstoff-Fraktionen erwiesen hat, enthält die Tabelle 2.

Tab. 2

Bezeichnung der Kohlenwasserstoff-Fraktion	Siedebereich (°C)	Extraktanteil bei Behandlung mittels Kattwinkelsäure (Vol.-%)	BMCI
Benzin	40–180	etwa 9	etwa 5
Kerosin	190–230	16	19,5
H-Kerosin (PH)	170–220	2	12,5
AGO	220–350	27	30
H–AGO (TH)	180–350	10	20,5
H–AGO (PH)	180–340	2	13,5
HS–VGO (R) 60	>340	6	14
H–VGO (TH)	>340	15	23

PH – perhydriert
TH – teilhydriert
R – Hydrospaltrückstand

Diese Kohlenwasserstoff-Fraktionen wurden unter vergleichbaren Pyrolysebedingungen (Reaktionstemperatur 830°C, Verweilzeit 0,25 s, Dampf/Kohlenwasserstoff-Verhältnis 0,6) in einem 18 m Technikumsreaktor umgesetzt und ergaben folgende charakteristische Ausbeuten:

Tab. 3 Ausbeuten an ausgewählten Pyrolyseprodukten aus unterschiedlichen Einsatzprodukten bei vergleichbarer Spaltintensität

	Benzin	Kerosin	H-Kerosin (PH)[1]	AGO	H-AGO (TH)[2]	H-AGO (PH)[1]	H-VGO (TH)[2]	HS-VGO (R)60[3]
Spaltgas (C_4)	72	66	80,5	55	63,5	73	58,5	71
CH_4	11,5	11	13,5	10,5	11	12	11,5	9,5
C_2H_4	27	26,5	30	22,5	25	29	24	29
C_3H_6	17	14	18	11,5	14	16	12	16
C_4H_6	5	4,5	6,5	3,5	5	6	3,5	6,5
Pyrolyse-Benzin ($C_5 \ldots < 200\,°C$)	24	23,5	16	21	24,5	20	25	17
Benzen) Toluen)	6	8	6	9	10,5	8	11,5	8
Pyrolyseöl ($> 200\,°C$)	4	10,5	3,5	24	12	7	16,5	12

[1] PH — perhydriert
[2] TH — teilhydriert
[3] Hydrospaltrückstand

Die Tabelle 3 zeigt, daß mit steigender Siedelage der unvorbehandelten Einsatzprodukte die Olefinausbeuten sinken und ein höherer Anfall an Pyrolyseöl und Koks in Kauf genommen werden muß. Die Ergebnisse zeigen, daß die Olefinausbeuten um so höher liegen, je tiefgreifender die Hydrierung ist und daß gut spaltbare Einsatzprodukte für die Pyrolyse durch katalytische Hydrierung bzw. katalytische Hydrospaltung erhalten werden. Die bei der katalytischen Hydrierung verbleibenden Restaromatengehalte im atmosphärischen Gasöl hängen vom Systemdruck ab und bestimmen auch die Ausbeute an niederen Olefinen. Die Untersuchungen haben ergeben, daß durch hydrierte Gasölfraktionen analog hohe Ethylenausbeuten und sogar höhere Aromatenausbeuten als bei Benzinfraktionen erhalten werden.

Im Gegensatz zur Hydrierung von atmosphärischem Gasöl gelingt bei Einsatz von Vakuumgasöl die Hydrierung von aromatischen Strukturelementen nur recht unvollständig. Eine Unterschreitung des Restaromatengehaltes von etwa 15% kann durch Hydrierung nicht erreicht werden, so daß die erhaltenen Ethylenausbeuten relativ niedrig liegen. Für die katalytische Vorbehandlung von Vakuumgasölen hat sich die Hydrospaltung unter Hochdruck, so wie sie in Leuna betrieben wird, am besten bewährt. Ethylenausbeuten von 29 Ma.-% zeigen, daß sich der Rückstand aus der Hydrospaltung gut für die Herstellung von niederen Olefinen und auch von aromatischen Kohlenwasserstoffen eignet.

Es muß jedoch erwähnt werden, daß die Koksbildung bei der Pyrolyse von Hydrospaltrückständen hoch ist und der Größenordnung entspricht, die bei der Pyrolyse von straight-run-Gasölen erhalten wird.

Während die Pyrolyse von hydrokatalytisch vorbehandelten Gasölfraktionen in vorhandenen und in gering umgerüsteten Benzinspaltanlagen möglich ist, erfordert die Pyrolyse von Rückständen aus der Hydrospaltung von Vakuumgasölen den Neuaufbau von Anlagen.

Mit diesen Untersuchungen haben wir Anfang der 70er Jahre nicht nur die internationale Entwicklung auf dem Gebiet der Olefinerzeugung maßgeblich mitbestimmt, sondern auch gemeinsam mit Einrichtungen der chemischen Industrie unseres Landes die wissenschaftlich-technischen Grundlagen für die Umstellung der Olefinerzeugung vom Rohstoff Benzinfraktionen auf hydrokatalytisch vorbehandelte hochsiedende Erdölfraktionen in unserer Republik vorbereitet und geschaffen.

Neben diesen Arbeiten, die auch gegenwärtig einen Schwerpunkt unserer Untersuchungen bilden, haben wir zunehmend Fragen und Aufgaben der Olefinerzeugung auf Basis carbochemischer Produkte in unser Forschungsprogramm aufgenommen.

Die internationale Entwicklung auf dem Gebiet der Erzeugung niederer Olefine auf carbochemischer Basis beinhaltet vorzugsweise Arbeiten

— zur Direktsynthese von Olefinen aus Synthesegas,

— zur Wandlung von Methanol, von Flüssigprodukten aus der Fischer-Tropsch-Synthese,

— und von Kohleflüssigprodukten.

Ausgehend von einer Analyse der verschiedenen Entwicklungsrichtungen auf diesem Gebiet haben wir uns für die Gewinnung von Olefinen aus Methanol entschieden — eine Entwicklung, die insbesondere von der Mobil Oil Company auf der Basis der bekannten ZSM-Katalysatoren ausgelöst wurde. Ungeachtet der Vorteile, die eine solche Synthese gegenüber der Gewinnung von Olefinen auf Basis von Synthesegas bietet (höhere Selektivität durch Umgehung des Schulze-Flory-Prinzips), besitzt dieser Prozeß auch Nachteile, die die Technologie und die Ökonomie belasten. Zu nennen sind:

1. Die theoretische Ausbeute an Kohlenwasserstoffen aus Methanol beträgt 44%. Es entstehen in jedem Fall 56% Wasser bzw. Dampf auf einem relativ niedrigen energetischen Niveau.

2. Die Reaktion verläuft exotherm. Die frei werdende Wärme von etwa 400 kcal/kg Methanol erfordert zu ihrer Abführung eine relativ komplizierte technologische Gestaltung des Prozesses, wie z.B. das Anbringen von internen oder externen Zwischenkühlern und die Durchführung der Reaktion in zwei Stufen. Fortschritte bei der Beherrschung der frei werdenden Reaktionswärme verspricht man sich durch die Durchführung der Reaktion in der Wirbelschicht, was aber wiederum hohe Anforderungen an die Abriebfestigkeit des teuren ZSM-Katalysators stellt.

3. Die praktisch erhaltenen Ergebnisse und Selektivitäten entsprechen noch keineswegs den theoretisch möglichen Ausbeuten. Um hohe Olefinselektivitäten zu erreichen, muß der Methanolumsatz möglichst klein gehalten und die Reaktion muß in Gegenwart von Wasser bzw. eines inerten Verdünnungsmittels wie He, H_2 oder C_1-C_6-Kohlenwasserstoffen durchgeführt werden. Beide Maßnahmen haben zur Folge, daß befriedigende Olefinausbeuten, die zudem noch zu ungunsten von Ethylen verschoben sind, nur bei relativ niedrigen Raum-Zeit-Ausbeuten erhalten werden.

Ausgehend von diesen Schwachstellen haben wir in der Arbeitsgruppe Dr. GÜNSCHEL unseres Zentralinstitutes ein neues Reaktionsprinzip für die Wandlung von Methanol in Olefine und Aromaten auf experimentelle Tragfähigkeit überprüft, das im Vergleich mit gegenwärtig vorliegenden Lösungen deutliche stoffwirtschaftliche und technologische Vorteile aufweist.

Der wesentliche Vorteil des von uns fundierten Reaktionsprinzips im Vergleich mit der von der Mobil Oil Company eingeleiteten Entwicklung besteht darin, daß es durch eine sinnvolle Verknüpfung der exothermen Methanolwandlung mit der stark endothermen Kohlenwasserstoffspaltung gelingt,

— die Gesamtreaktion thermoneutral ablaufen zu lassen und sich dadurch die Technologie des Prozesses wesentlich vereinfachen läßt;

— daß die gemeinsame Umwandlung von Methanol mit Kohlenwasserstoffen bei relativ hoher Temperatur zu einer Erhöhung der Olefinselektivität, insbesondere zugunsten der Ethylenbildung beiträgt

und

— daß hohe Umwandlungsgrade für Methanol (~90%) und den eingesetzten Kohlenwasserstoff (~80%) sowie hohe Olefinausbeuten bei hohen Raum-Zeit-Ausbeuten erzielt werden.

Voraussetzung für die Fundierung eines solchen Reaktionsprinzips war die Entwicklung und der Einsatz eines modifizierten ZSM-Katalysators, der über eine hohe Thermo- und Wasserdampfstabilität verfügt.

Ausgehend von theoretischen Berechnungen der exothermen Methanolwandlung und der endothermen Kohlenwasserstoffspaltung ist für die Erzielung einer thermoneutralen Reaktion ein Mischungsverhältnis von Methanol zu Kohlenwasserstoff von etwa 2:1 erforderlich.

Das Methanol/Kohlenwasserstoff-Gemisch wird bei relativ hohen Temperaturen zwischen 600—800 °C in Gegenwart von Wasserdampf über einen hochsiliciumhaltigen Katalysator gegeben. Der Vorzug des entwickelten Katalysators besteht darin, daß er bei diesen hohen Temperaturen sowohl Methanol als auch Kohlenwasserstoffe mit hohen Ausbeuten in niedere Olefine und aromatische Kohlenwasserstoffe bei geringer CO/CO_2- und Methanbildung wandelt.

Charakteristische Ergebnisse der Umwandlung von Reinmethanol, Kohlenwasserstoffen und von Methanol/Kohlenwasserstoff-Gemischen mit dem erwähnten ZSM-Katalysator enthält die Tabelle 4.

Daraus ist ersichtlich, daß die gemeinsame Wandlung von Methanol und Kohlenwasserstoffen gegenüber der Umsetzung der Einzelkomponenten hinsichtlich der Ausbeute an Zielprodukt und der Selektivität Vorteile aufweist. Während bei Abwesenheit von Kohlenwasserstoffen die Umsetzung von Methanol von einer relativ hohen CO/CO_2-Bildung begleitet wird, ist in Gegenwart von Kohlenwasserstoffen die CO/CO_2-Bildung signifikant zurückgedrängt. Umgekehrt wird bei Abwesenheit von Methanol der Umsatz bei der Kohlenwasserstoffwandlung geringer.

Ein wesentliches Ergebnis der durchgeführten Untersuchungen besteht darin, daß in Gegenwart von ZSM-analogen Katalysatoren aus Kohlenwasserstoffen Olefin-

Tab. 4

Einsatzprodukte	Methanol Wasser	Decan Wasser	Decan Methanol Wasser	Benzin Methanol Wasser	H-AGO Methanol Wasser
Masseverhältnis	1:1	1:1,5	1:0,7:0,7	1:0.4:0,4	1:0,6:0,6
Temperatur (°C)	680	680	680	710	710
Katalysatorbelastung (v/vh)	5,0	5,0	5,0	3,0	5,5
Ausbeuten (Ma.-%)*					
Methan	26,6	5,9	8,5	8,9	8,8
Ethylen	17,0	32,7	28,2	18,5	15,8
Propylen	10,5	31,7	24,9	16,8	15,0
Butadien	0,3	0,4	0,3	1,6	2,4
Spaltgas C_4	68,1	88,0	79,4	63,6	57,9
BTX-Aromaten	24,7	3,2	12,8	10,9	10,5
Pyrolysebenzin	28,1	9,1	17,7	30,9	30,7
Pyrolyseöl	3,8	2,9	2,9	5,5	11,4
CO	19,9	0,4	3,5	4,5	4,3
CO_2	1,7	1,2	0,2	0,2	0,1
Umsatz n-Decan (%)	--	98	99	--	--

* bezogen auf n-Decan bzw. Benzin und den CH_2-Anteil des umgesetzten Methanols

ausbeuten erhalten werden, die bei der thermisch initiierten Pyrolyse erst oberhalb 800 °C erreicht werden.

Der besondere Vorteil des Verfahrensprinzips wird auch daraus sichtbar, daß bei der gleichzeitigen Umwandlung von Methanol mit straight-run-Benzin neben Olefinen und aromatischen Kohlenwasserstoffen durch die formselektive Wirkung des ZSM-Katalysators gleichzeitig ein Flüssigprodukt erzeugt wird, das im Vergleich zur eingesetzten Benzinfraktion eine um 20–25 Einheiten höhere Oktanzahl besitzt.

Mit diesen wenigen, ausgewählten Ergebnissen wollte ich zeigen, daß dieses Reaktionsprinzip neue Möglichkeiten für die gleichzeitige Gewinnung von niederen Olefinen, aromatischen Kohlenwasserstoffen und Kraftstoffkomponenten aus Methanol/Kohlenwasserstoffgemischen eröffnet und sowohl stoffwirtschaftliche wie technologisch Vorteile im Vergleich zu gegenwärtig bestehenden Lösungen besitzt.

Ungeachtet dessen stehen wir erst am Anfang einer interessanten Entwicklung, die durch weitere systematische Untersuchungen hinsichtlich der Katalysatorentwicklung, der Parameteroptimierung und der technologischen Gestaltung der Reaktion weiter fundiert werden muß.

Manfred Ringpfeil

Biotechnologie und Chemie

Biotechnologie und Chemie ist eine Begriffszusammenstellung, die Kombination und Gegenüberstellung beinhaltet. Sie gewann in den letzten 20 Jahren kontinuierlich an Aktualität. Sie hat gegenwärtig den Höhepunkt ihrer Beachtung und auch ihre endgültige Klärung noch nicht erreicht.

So sehr jedoch der stoffwandelnde Charakter der meisten der unter dem Begriff Biotechnologie zusammengefaßten Prozesse hervortritt, so groß die Ähnlichkeiten bei der technischen Realisierung biologischer und chemischer Prozesse auch sind und so nachhaltig die chemische Industrie sich um die Integration biologischer Prozesse in ihre Produktionsstruktur bemüht, letztendlich handelt es sich dabei um das Eindringen der Biologie in die Technik. Damit formiert sich das dritte große Anwendungsgebiet der Biologie in der gesellschaftlichen Praxis: neben Landwirtschaft und Gesundheitswesen tritt die Biotechnologie. Ihre Praxiswirksamkeit wird am besten dadurch gefördert, daß — ähnlich wie Agrarwissenschaften und Medizin — die Biotechnologie auch als selbständiges Gebiet der angewandten Wissenschaften — fußend auf der naturwissenschaftlichen Biologie und mündend in das Praxisgebiet der biologischen Technik — entwickelt wird. Entsprechend dem interdisziplinären Charakter technologischer Arbeit kann auch die Biotechnologie über diese Grundbeziehungen hinaus nicht auf enge Verbindungen zu anderen Wissenschaftsgebieten, wie Chemie, Physik, Mathematik, technische Wissenschaften und Ökonomie, verzichten [1].

Sie, lieber Herr Leibnitz, haben nie einen Zweifel an der Verwandtschaft zwischen chemischer Technologie und Biotechnologie aufkommen lassen. Ich möchte mit Ihrem richtungsweisenden Vortrag vor dem Plenum unserer Akademie am 24. Januar 1963 beginnen, der Prinzipien, Möglichkeiten und Grenzen der biochemischen Verfahrenstechnik zum Thema hatte und bereits auf den Erfahrungen eines Jahrzehnts der Erforschung biologischer Techniken in Ihrem Institut für Verfahrenstechnik der organischen Chemie aufbaute [2].

Synthesechemie/Synthesebiologie

Entsprechend dem damaligen Stand der Kenntnis berichteten Sie über die verschiedenen Typen mikrobiologischer Produktsynthesen, wie sie durch das Klassifikationsschema von E. Gaden [3] vorgeprägt waren. Bis in die jüngste Zeit hinein haben wir uns tatsächlich ausschließlich mit mikrobiellen Reaktionen befaßt, die aus einem kohlenstoffhaltigen Rohstoff auf genetisch festgelegten – also in jeder Nachfolgegeneration der ausgewählten Mikroorganismen wiederholbaren – Reaktionswegen bestimmte Produkte hervorbrachten. Sie beschrieben die Synthese des Polysaccharids Dextran als ein Beispiel dafür. Wir ließen eiweißreiche Hefe- und Bakterienbiomasse [4], phosphatid- und fettsäurehaltige Biolipidextrakte [5], Cellulasegemische [6], Xanthan [7], Poly-β-hydroxibuttersäure [8], Zitronensäure [9] und Gluconsäure [10] folgen. Damit orientierten wir vorwiegend auf die, wie Sie damals schrieben, „besonders aussichtsreiche Möglichkeit zur Erweiterung der Warenproduktion mit einem geringen Aufwand an gesellschaftlicher Arbeit" [2].

Damit ergab sich aber auch eine entscheidende Einengung der Ergänzungs- und Durchdringungsmöglichkeiten der chemischen Produktionsstruktur: Was nicht von einem Mikroorganismus a priori produzierbar war, konnte nicht in Betracht gezogen werden.

In den letzten Jahren hat nun die Entdeckung des genetischen Codes, seiner Gleichartigkeit und gleichartigen Interpretation in allen Lebewesen auch zu dem Gedanken geführt, die Syntheseeigenschaften unterschiedlicher Lebewesen im Genom eines Organismus zu kombinieren und damit ihn und seine Nachfolgegenerationen mit einer neuen Syntheseleistung auszustatten. Es kann dies als die Geburtsstunde der Synthesebiologie [11] bezeichnet werden. Sie ermöglicht nicht nur die Ergänzung der Synthesechemie in einem viel größeren Umfang als vorher, sie kündigt sich auch als eine Alternative zur Synthesechemie an. Zwei Beispiele mögen dafür sprechen.

Die mikrobielle Synthese von Indoxyl wurde durch die Konstruktion eines Operons mit den genetischen Informationen für die Produktion der Enzyme Tryptophanase und Naphthalindioxigenase in E. coli möglich [12].

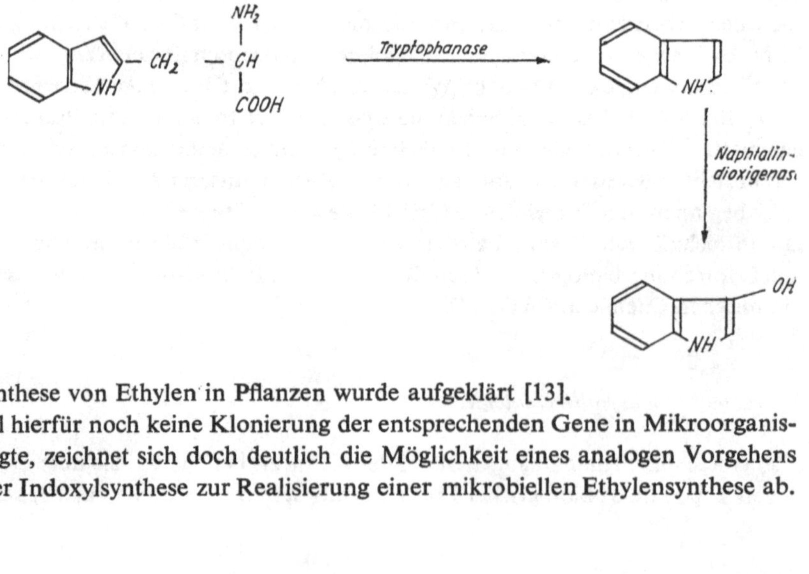

Die Synthese von Ethylen in Pflanzen wurde aufgeklärt [13].

Obwohl hierfür noch keine Klonierung der entsprechenden Gene in Mikroorganismen erfolgte, zeichnet sich doch deutlich die Möglichkeit eines analogen Vorgehens wie bei der Indoxylsynthese zur Realisierung einer mikrobiellen Ethylensynthese ab.

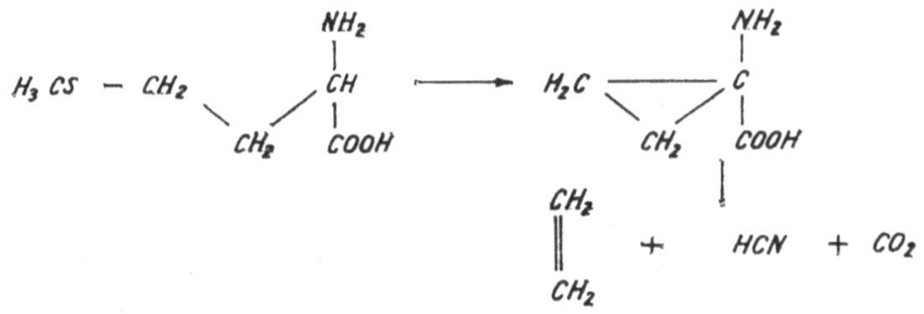

Diese Beispiele ermutigen zur Suche nach weiteren Möglichkeiten der mikrobiellen Synthese technisch relevanter, kleiner Moleküle. Sie kann vor allem durch biochemische Untersuchungen erleichtert und gefördert werden.

In unserem Institut wurden systematische Arbeiten zur mikrobiellen Synthese von Produkten aus Methanol durch Babel und Mitarbeiter begonnen [8]. Verschiedene bimolekulare Reaktionen wurden nachgewiesen.

Mit Hilfe dihydroxiacetonkinase-defekter methylotropher Hefemutanten wird z.B. die Synthese von Dihydroxiaceton möglich.

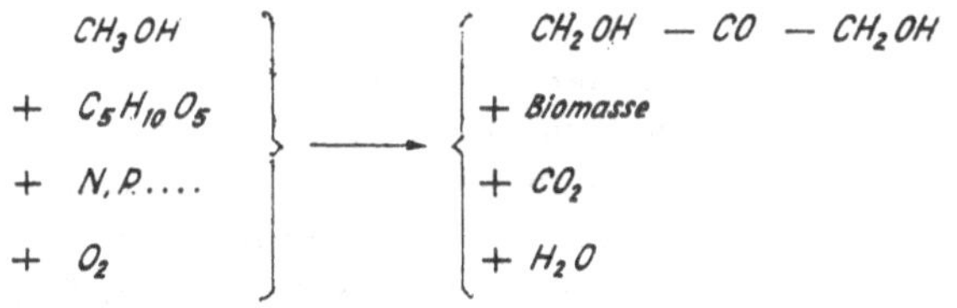

Das Reaktionsschema zeigt die Defektstelle ||, die einerseits die Produktsynthese im Rahmen der Zellvermehrung ermöglicht, andererseits die laufende Zuspeisung von Pentose erforderlich macht.

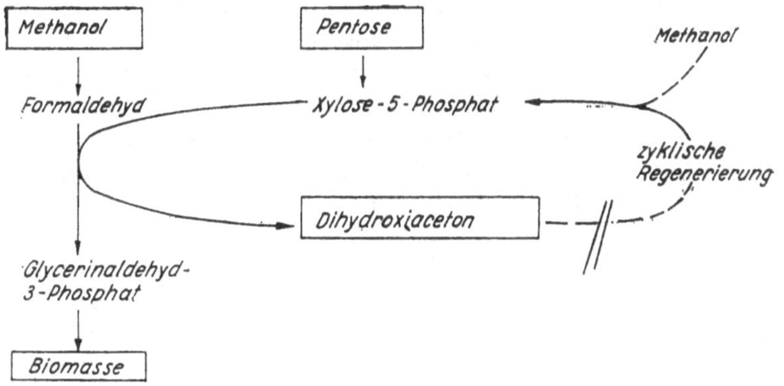

In einfacher Weise kann statt Dihydroxiaceton auch Glycerol erzeugt werden.

Weiter wurde die Synthese von Glucose aus Methanol und Pentose realisiert [14].

$$CH_3OH + C_5H_{10}O_5 \xrightarrow[-H_2O]{+\frac{1}{2}O_2} C_6H_{12}O_6$$

Obwohl das Feld einer aufkommenden Synthesebiologie noch im Dunkeln liegt und nur vereinzelte, voneinander isolierte Punkte erhellt worden sind, ist es an der Zeit die systematische Aufklärung dieses Felds anzustreben. Es kann zu einem der Schlüsselgebiete für die weitere Entwicklung der Biotechnologie werden.

Chemisch-technische Prozesse/biologisch-technische Prozesse

Die technische Umsetzung mikrobieller Reaktionen in der chemischen Industrie trifft heute auf nicht geringe Schwierigkeiten. Die Infrastruktur der chemischen Produktion ist ausgebildet. Sie setzt neuen, nicht ohne weiteres paßfähigen Prozessen einen Widerstand entgegen, der um so größer ist, je funktionstüchtiger die bestehende Infrastruktur für das existierende Produktionsprofil ist. Eine Ausnahme bilden diejenigen Prozesse, die zu Produkten mit unikalen Eigenschaften führen, für die also keine alternativen chemischen Herstellungsmethoden bekannt sind.

Die chemische Industrie strebt nach einer hohen Konzentration ihrer Produktion, einer hohen Energieflußdichte ihrer Prozesse und einer hohen Stabilität der angewandten Systeme. Dieses Streben wird ermöglicht und begünstigt durch die Eigenschaften der Komponenten chemischer Reaktionssysteme: hochkonzentrierte Rohstoffe wie Erdöl, starke Anregungsfelder wie hohe Temperatur und hohe Drücke sowie stabile Hilfsmittel wie anorganische Katalysatoren.

Biologische Systeme bedürfen zur Gewährleistung ihrer Funktion einer bestimmten Verdünnung mit Wasser, die die notwendige aufgelockerte Struktur hervorbringt. Die Anregungsfelder müssen im Funktionsbereich der Lebensprozesse liegen und sind deshalb notwendig schwach. Entsprechend können die äußeren Bedingungen für den Ablauf biologischer Reaktionen nur innerhalb des engen Bereichs für Lebensprozesse liegen. Demgegenüber übertreffen die biologischen Reaktionen die chemischen an Selektivität und Spezifität. Sie sind hinsichtlich ihres Rohstoffbedarfs anspruchsloser. Insbesondere können auch sehr verdünnte Rohstoffe zum Einsatz kommen, die oft mit keiner anderen Methode zweckmäßig aufgearbeitet werden können. Der Energieverbrauch für biologische Reaktionen ist häufig geringer als bei chemischen. Schließlich besitzen die (lebenden) biologischen Systeme die Fähigkeit zur Selbstreproduktion und Selbstreparatur. Diese günstigen Eigenschaften biologischer Prozesse begründen jedoch noch nicht einen ökonomischen Vorteil gegenüber chemischen.

Es ist in den meisten Anwendungsfällen und insbesondere für die sogenannten Massenproduktsynthesen erforderlich, die nachteiligen Eigenschaften biologischer Prozesse durch eine spezifische Prozeßtechnik so weit als möglich aufzuheben.

Wir entwickelten dazu insbesondere mit PRAUSE, PÖHLAND und Mitarbeitern spezifische Theorieansätze und Methoden [15]. Einer der theoretischen Ansätze ist das Maximumkonzept [16]. Es besagt, daß jeder natürliche Prozeß einen natürlich gegebenen Maximalzustand aufweist, der bestimmbar ist. Wir zeigten am Beispiel der Zellsubstanzsynthese, daß die maximale Produktivität jeder Organismen/Substrat-Kombination durch die maximale spezifische Wachstumsgeschwindigkeit der Organismen und ihre maximale Konzentration im Reaktionssystem gegeben ist. Die Werte dieser Größen wiederum sind durch die Wachstumseigenschaften der Organismen bzw. die rheologischen Eigenschaften ihrer Suspensionen bestimmt. Es zeigten sich gegenüber den bisherigen Auffassungen überraschend hohe Produktivitätsmaxima [17], die Anlaß zur Entwicklung der sogenannten Hochleistungsfermentoren für aerobe Prozesse geben. Mit dem Rohrreaktor des ItC [17] und dem Tauchstrahlreaktor der IZ Böhlen [18] wurden zwei Typen solcher Hochleistungsapparate vorgestellt. Auch damit ist jedoch noch kein ökonomischer Vorteil erreicht. Die Intensivierung eines gegebenen biologischen Prozesses muß mit einer Ökonomisierung verbunden sein, so daß die Aufwendungen für den Prozeß nicht stärker als linear mit seiner Intensität steigen. Für einen Vergleich mit alternativ hergestellten Produkten von gleichem Gebrauchswert wurde am Beispiel der Zellsubstanzsynthese eine ökonomische Bewertungsmethode entwickelt, die auch auf andere Paare alternativ herstellbarer Produkte angewendet werden kann (Abb. 1) [19]. Auf der Basis dieser Methode

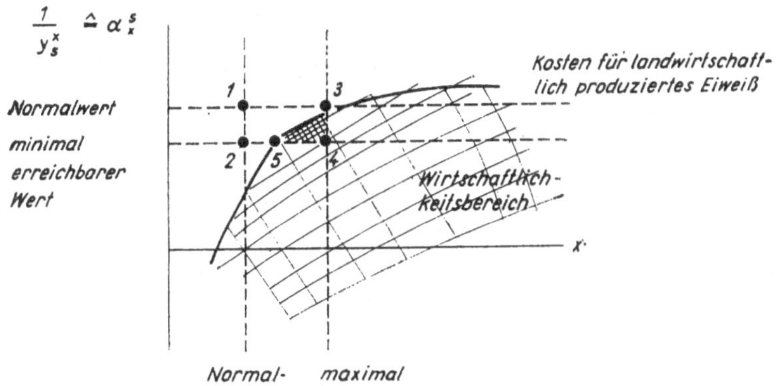

Abb. 1 Vorausschaubare Wirtschaftlichkeitsbedingungen für die mikrobiologische Eiweißproduktion

ist entscheidbar, ob ein ökonomisch effektiver Prozeß erreicht werden kann. Im Falle einer positiven Entscheidung kann eine Strategie der technologischen Forschung und Entwicklung abgeleitet werden, die den bestmöglichen Weg in das technisch mögliche und ökonomisch effektive Gebiet (gegeben durch die Punkte 3, 4, 5) zeigt. Dieser Weg wird durch eine wissenschaftlich-analytische Durchdringung der geplanten und realisierten Produktionsprozesse erleichtert. Sie, lieber Herr LEIBNITZ, haben uns immer auf diesen Umstand aufmerksam gemacht. Für das Beispiel der Zellsubstanzsynthese haben wir mit den Konzepten der Hochleistungsfermentation [20], der dynamischen Prozeßführung [21] und der Auxiliarsubstratfermentation [22] nicht nur die wissenschaftlich-analytische Durchdringung dieses Prozesses vorangebracht, sondern auch Antworten zur Realisierung der Erkenntnisse für eine Steigerung der ökonomischen Effektivität der Prozesse erbracht.

Äußere Bedingungen für biologisch-technische Prozesse

Es würde meine Möglichkeiten in diesem Vortrag übersteigen, eine systematische Betrachtung aller äußeren Bedingungen für biologisch-technische Prozesse anzustellen. Es soll vielmehr auf einige neuere Ergebnisse mit thermophilen Mikroorganismen hingewiesen werden, die zu einer neuen Betrachtungsweise der optimalen Lage der Umweltfaktoren Temperatur und Druck bei mikrobiellen Prozessen führen können. Diese Untersuchungen wurden erst seit jüngster Zeit mit B. HEINRITZ und Mitarbeitern sowie von BECK und Mitarbeitern in unserem Institut aufgenommen. Wir nahmen zum Zeitpunkt unseres Beginns der Beschäftigung mit mikrobiellen Prozessen in Ihrem Institut, lieber Herr LEIBNITZ, als eine feststehende Tatsache an, daß die Durchführbarkeit mikrobieller Reaktionen bei Normaldruck und Normaltemperatur Vorteile gegenüber chemischen begründeten. Ein geringerer Energieaufwand wurde erwartet.

In der chemischen Industrie vollzogen sich jedoch in den letzten Jahrzehnten große Bewegungen. Eine davon war, die energetisch überwiegend voneinander isolierten Produktionen innerhalb eines Produktionsverbunds auch energetisch untereinander zu verbinden [23]. Dabei zeigte sich der Vorteil des Reaktionswärmeanfalls bei hohen Temperaturen, der für die energetische Verbindung eine hinreichende Triebkraft anbot. Bei der mikrobiellen Eiweißsynthese im mesophilen Bereich zeigte sich dagegen der Nachteil mikrobieller Prozesse im Bereich der Normaltemperatur. Der weitaus größere Teil der Gesamtprozeßenergie wird bei den heterotrophen mikro-

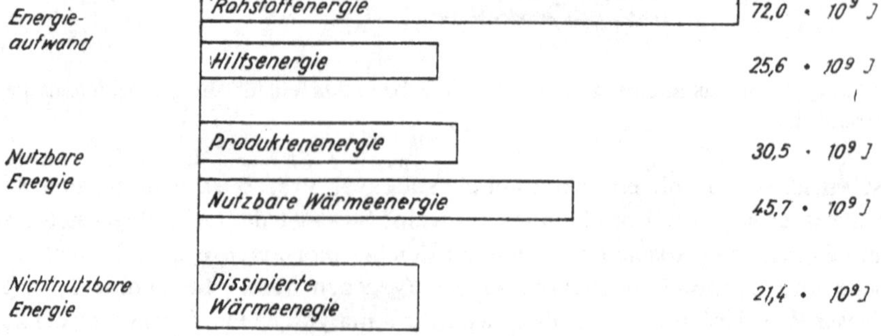

biellen Prozessen durch das Rohstoffmolekül zugeführt. Das zeigt das Beispiel der Zellsubstanzsynthese aus Dieselkraftstoff, hier bezogen auf 1 t erzeugte Trockenmasse.

Der maximal mögliche, d. h. thermodynamisch begründete, energetische Wirkungsgrad solcher mikrobiellen Reaktionen liegt nicht wesentlich über 0,5. Das bedeutet, daß die Hälfte des zugespeisten kohlenstoffhaltigen Rohstoffs in Kohlendioxid, Wasser und Wärme konvertiert wird. Diese bei großen Anlagen erhebliche Wärmemenge fällt auf einem Temperaturniveau von 30–35 °C an, das nur ihre mit zusätzlichen energetischen Aufwänden verbundene Eliminierung aus dem Prozeß über einen Kühlkreislauf offenläßt. Eine Nutzung dieser Wärme ist denkbar, wenn die mikrobiellen Prozesse bei Temperaturen über 60 °C betrieben werden können. Die in jüngster Zeit bearbeiteten thermophilen Mikroorganismen lassen diese Denkmöglichkeit in den Bereich der Realisierbarkeit rücken. In unseren Laboratorien wurden kontinuierliche Fermentationen mit extrem thermophilen Mikroorganismen durchgeführt [24]. Ihre maximalen Wachstumstemperaturen liegen bei 85 °C, ihre optimalen bei 70 °C. Produktivitäten von etwa 1 g/kg · h konnten schon im stabilen kontinuierlichen Betrieb erreicht werden. Bei Senkung des Dampfdrucks durch Anlegen von Druck an den Fermentor konnte eine Steigerung der optimalen Wachstumstemperatur in den Bereich über 90 °C beobachtet werden [25] (Abb. 2). Natürlich sind die Ausbeuten

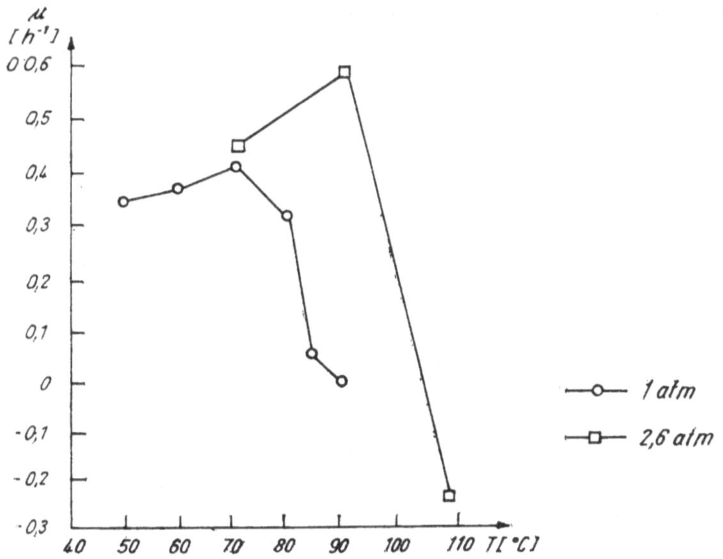

Abb. 2 Kultivierung von Mikroorganismen unter extremen Bedingungen

bei thermophilen Mikroorganismen niedriger als bei mesophilen. Bei Thermus-Arten wurden Ausbeuten von 0,27 bis 0,31 gefunden gegenüber 0,5 bei Candida oder Saccharomyces-Arten. Mit der Methode der dynamischen Prozeßführung gelang es aber bereits, die Ausbeuten auf 0,35 zu steigern [26].

Jedoch auch bei anaeroben Prozessen sind von uns thermophile Mikroorganismen verwendet worden. So bei der Fermentation von Abwässern aus großen Tierproduktionsanlagen zu Biogas [27]. Hier findet eine natürlich angereicherte Mischflora Anwendung, die die Degradation der polymeren Inhaltsstoffe, die Acidifizierung der gebildeten und vorhandenen niedermolekularen Komponenten und schließlich die Methanbildung bewirkt. Durch die Prozeßführung bei 55 °C wird hauptsächlich die Degradation der polymeren Inhaltsstoffe beschleunigt. Dadurch können die Aufenthaltszeiten für die wäßrige Trägerphase im System um das 2–3fache verkürzt, die Biogasausbeuten um das 1,5fache gegenüber herkömmlichen Prozessen gesteigert werden [28].

Mit den methanogenen Bakterien, die in der Mischflora vorhanden sind, stehen uns Organismen zur Verfügung, die zu den Archaebakterien gehören [29, 30, 31]. Ihre Eigenschaften und Inhaltsstoffe versprechen neue Anregungen für die technische Nutzung biologischer Prozesse, zur Gewinnung von thermostabilen Enzymen, von Etherlipiden und von kristallinen Membranproteinen bzw. -glucoproteiden [32, 33, 34]. Schließlich ist bei neugefundenen Archaebakterien die Frage aufgeworfen worden, ob ihr Lebensbereich bis an den kritischen Punkt des Wassers reicht [35, 36]. Obwohl diese Aussage noch umstritten ist [37, 38], zeigen doch auch unsere ersten Untersuchungen, daß zumindest die Erhaltung nichtsporulierender Lebensformen bei Temperaturen weit über 100 °C möglich ist [38]. Welche technischen Schlußfolgerungen das alles auch noch haben mag, der Sturm auf die biologischen Hochtemperaturprozesse ist eingeleitet, eine neue Betrachtungsweise der Temperaturoptima für biologische Prozesse im Kommen.

Biotechnologie in der nahen Zukunft

Die neuen Erkenntnisse der Biologie und die darauf aufbauenden modernen Techniken haben der weiteren Entwicklung der Biotechnologie einen kräftigen Impuls gegeben. Nichts wäre jedoch falscher als zu glauben, daß damit ein qualitativer Sprung geschafft wäre, der alles Vorhandene an Wissen und Erfahrung überflüssig macht. Mikrobiologische und biochemische Produktionen werden in vielen Bereichen der Volkswirtschaft betrieben. Viele Prozesse laufen noch unbemerkt von uns in der Natur ab. Außerhalb unseres Kenntniskreises werden viele mikrobiologische und biochemische Prozesse auf industrieller, manufaktureller oder hauswirtschaftlicher Basis genutzt [39]. Sie zu intensivieren, mit ihrer Hilfe Produkte höherer Qualität herzustellen bzw. sie zu erschließen, ist eine Aufgabe von volkswirtschaftlicher Dimension. Vorhandenes und neues Wissen muß hier zusammenfließen, um vorhandene Produktionen zu verbessern und neue zu schaffen.

Biotechnologie darf nicht um ihrer selbst willen betrieben werden. Sie soll dort eingesetzt werden, wo ihre Prozesse ökonomischer sind als andere. Eine Entscheidung darüber ist heute nicht generell, sondern nur von Fall zu Fall möglich. Diese Untersuchungen sind jedoch aufwendig. Deshalb ist es zweckmäßig, allgemeine Gründe anzugeben, die die Suche nach biologischen Alternativen zu chemischen Prozessen motivieren.

Einer der wichtigsten Gründe, auf den Sie, lieber Herr LEIBNITZ, schon hinwiesen, ist, daß biologische Prozesse industriell durchführbar sind und daß es dafür ein ständig breiter werdendes Wissen aus der Verallgemeinerung wissenschaftlicher Erfahrungen mit diesen Prozessen gibt.

Ein weiterer Grund ist die Organisation der Synthese von Stoffen in lebenden Systemen. Sie ist durch die Evolution zu einer energetischen Effektivität gebracht worden, die insbesondere bei komplizierter gebauten Molekülen mit den gegenwärtig verfügbaren chemisch-synthetischen Methoden nicht erreicht werden kann. Hier anzusetzen, um die Methoden der Synthesechemie zu vervollkommnen, ist ein legitimes Anliegen der Chemie. Hier anzusetzen, um die natürlichen Prozesse optimal für Produktionszwecke nutzbar zu machen, ist ein legitimes Anliegen der Biotechnologie.

Die Beherrschung natürlicher Prozesse auf einem Niveau der wissenschaftlichen Durchdringung, das ihre Einbeziehung in modern organisierte Produktionsverbunde erlaubt, ist eine Fragestellung, die durch die Entwicklung der Mikroelektronik, der Informationstechnik, Robotertechnik und der Veredelungschemie eine neue Qualität erreicht hat. Hier nicht nur mitzuhalten, sondern mitzugestalten, haben wir uns vorgenommen. In diesem Sinn, lieber Herr LEIBNITZ, wenden wir auch die Grundsätze technologischer Wissenschaft an, die Sie uns, Ihren Schülern, vermitteln. Dafür auch an dieser Stelle unseren herzlichen Dank.

Literatur

[1] RINGPFEIL, M., Biotechnologie auf dem Weg zur Wissenschaft. In Proc. II. Symp. d. Soz. Länder über Biotechnologie, Leipzig 1980, Abh. d. AdW d. DDR 1982, Nr. N2, 29.

[2] LEIBNITZ, E., Prinzipien, Möglichkeiten und Grenzen der biochemischen Verfahrenstechnik. Sitzung d. Plenums der Deutschen Akademie der Wissenschaften zu Berlin, 24. 1 .1963.

[3] GADEN JR., E. L., Biochem. Microbiol. Techn. Eng. 1 (1959) M 4, 413.

[4] RINGPFEIL, M., HEINRITZ, B., Single Cell Protein Technology. In: Trends in Appl. Microbiology and Biotechnology, Part 2, ed H. W. DOELLE. In Press.

[5] VOIGT, B., SEIDEL, H., MÜLLER, H., BECK, D., RINGPFEIL, M., RUDEL, M., BAUCH, J., GENTZSCH, H., BOHLMANN, D., Chem. Techn. **31** (1979) 409.

[6] MEYER, D., Mikrobiologischer Abbau von Zellulose, III. Symp. d. Soz. Länder über Biotechnologie, April 1983, Bratislava.

[7] BEHRENS, U., MAKARSKIJ, A., AMBROSIUS, J., FRANKE-RINKER, D., Z. Allg. Mikrobiol. **17** (1977) 339.

[8] BABEL, W., Prospects and Problems of Product Synthesis on the Basis of Methanol. Proc. National Summer School Bulg. Acad. Sci., 1984.

[9] STOTTMEISTER, U., BEHRENS, U., WEISSBRODT, E., BARTH, G., FRANKE-RINKER, D., SCHULZE, E., Z. Allg. Mikrobiol. **22**, (1982) 399.

[10] BABEL, W., MIETHE, D., ISKE, U., SATTLER, K., RICHTER, H. P., SCHMIDT, J., DÜRESCH, R., Verfahren zur Herstellung von Gluconsäure mittels Bakterien. Europ. Patent No. 841096738.

[11] Hartmann, G. R., Chem. Ind. **36** (1984) 253.
[12] Ensley, B. D., Construction of operons for the microbial biosynthesis of indigo. Biotech '84 USA online Publ., Pinner U. K. (1984), 441.
[13] Dagani, R., Chem. a. eng. News **62** (1984) 7, 21.
[14] Babel, W., Müller, R. H., Verfahren zur enzymatischen Synthese von Hexosen bzw. Hexulosen, Patent WPC 07 H/195043.
[15] Prause, M., Pöhland, D., Ringpfeil, M., Technologie und Forschungsplanung. Aus d. wiss. Leben FB Gesellsch. Wiss., Berlin (1984) GW 29, 66.
[16] Ringpfeil, M., spectrum **15** (1984) 4, 1.
[17] Ringpfeil, M., Fermenter Design for SCP-Procution. In: M. Moo-Young, VI. Int. Ferm. Symp., London (Canada) 1980, Toronto 1981, 741.
[18] Jagusch, L., Schreck, R., Technisch-ökonomische Untersuchungen am IZ-Tauchstrahlrektor. In: Proc. II. Symp. d. soz. Länder über Biotechnologie, Leipzig 1980. Abh. d. AdW d. DDR 1982, Nr. N2, 231.
[19] Ringpfeil, M., Mircen J. Appl. Microbiol. a Biotechn., in Vorbereitung.
[20] Liepe, F., Jagusch, L., Stephan, W., Ringpfeil, M., The present state and the perspective of development of industrial high-performance reactors for aerobic fermentation. Proc. I. Eur. Kongreß über Biotechnologie, Interlaken, 1978.
[21] Heinritz, B., Rogge, G., Stichel, E., Bley, T., Acta Biotechnologica **3** (1983) 125.
[22] Babel, W., Acta Biotechnologica **6** (1980) 61.
[23] Schirmer, W., Wiss. Fortschr. **27** (1977) 4.
[24] Heinritz, B., Kultivierung von Mikroorganismen unter extremen Bedingungen, Kolloquium d. wiss. Beirates der W.-Ostwald-Gedenkstätte 9. 11. 1984.
[25] Heinritz, B., Pechfelder, R., Rogge, G., Sawistowsky, J., Ringpfeil, M., Selektion und Kultivierung von Thermus HPR 1 unter extremen Bedingungen. Acta Biotechnologica, in Vorbereitung.
[26] Heinritz, B., Rogge, G., Ringpfeil, M., Dynamische Prozeßführung zur Erhöhung der Ausbeute von extrem thermophilen Mikroorganismen. Acta Biotechnologica, in Vorbereitung.
[27] Kehr, K., Ergebnisse und Anforderungen aus dem Vorbereitungsprozeß für die Einführung anaerober Gülleaufbereitungsverfahren in Anlagen der industriemäßigen Tierproduktion mit Energieerzeugung und -verwertung. Vorträge der Arbeitskonferenz „Biogas“ der AdL der DDR und der AdW der DDR am 02. und 03. 07. 1981 in Eberswalde, als Manuskript gedruckt, Herausgeber: AdL, Nr. Ag 505/136/82.
[28] Beck, D., Biogas, spectrum 10 (1982).
[29] Stetter, K. O., König, H., Spektrum der Wissenschaft 10, 1983, 26.
[30] Woese, C. R., Spektrum der Wissenschaft 8, (1981) 75.
[31] Zillig, W., Tu, J., Holz, I., Nature **293** (1981) 85.
[32] Zuber, H., Struktur und Funktion von thermophilen Enzymen. In: 32. Coll. der Ges. für Biol. Chemie, Structural and functional aspects of enzym catalysis (Eggerer, H., Huber, R., eds.) Berlin, Springer-Verlag 1981.
[33] Sonnleitner, B., Biotechnology of Thermophilic Bacteria-Growth, Products and Application. In: Microbiol Activities (Fiechter, A., ed.) Akademie-Verlag Berlin, 1984.
[34] Sara, M., Sleytr, U. B., Cristalline ultrafiltration membrane with uniform pores and high pore density, Proc. 3rd Europ. Congr. on Biotechnology, München 1984 DECHEMA, Verlag Chemie Weinheim 1984, Vol. 3, 565.

[35] Baross, J. A., Lilley, M. D., Gordon, L. I., Nature **298** (1982) 366.
[36] Baross, J. A., Deming, J. W., Nature **303** (1983) 423.
[37] Trent, J. D., Chastain, R. A., Yayanos, A. A., Nature **307** (1984) 737.
[38] Heinritz, B., Metzler, Ch., persönl. Mitteilung.
[39] Steinkraus, K. H., Handbook of Indigenous Fermented Foods. Microbiol. ser. v. 9, M. Decker Inc. New York and Basel (1983).

Hartwig Koch

Aspekte der Radionuklidanwendung in der Chemie

Einleitung

Die Isotopen- und Strahlenforschung hat eine zunehmende Verbreiterung in der gesamten Volkswirtschaft und speziell in der chemischen Industrie gefunden. Die Isotopentechnik trägt als eine wichtige, in vielen Fällen einzige Methode zur Erhöhung der Forschungseffektivität, Steigerung der Produktivität, Rationalisierung von Produktionsprozessen usw. wesentlich bei. Diese rasche Entwicklung beruht auf einer Reihe von spezifischen Eigenschaften, wie

– der Möglichkeit, prinzipiell neue Lösungswege zu erschließen und Probleme zu lösen, die auf anderem Wege nicht möglich sind,
– der hohen Nachweisempfindlichkeit der Methode,
– der Möglichkeit der Durchführung von Untersuchungen unter Betriebs- und betriebsäquivalenten Bedingungen,
– der Möglichkeit des berührungslosen und zerstörungsfreien Messens,
– dem günstigen Aufwand-Nutzen-Verhältnis,
– dem häufig sehr viel geringeren Zeit- und Materialaufwand zur Problemlösung bei erhöhter Aussagekraft.

Der Anwendung stabiler Isotope liegt die Messung von Isotopenverhältnissen ($^{12}C/^{13}C$; $^{14}N/^{15}N$; $^{32}S/^{34}S$ usw.) bzw. deren Veränderung mittels Massenspektrometrie und emissionsspektrometrischen Methoden zugrunde. Jede Anwendung von radioaktiven Stoffen beruht darauf, daß Kernstrahlung in irgendeiner Form mit Materie in Wechselwirkung tritt.

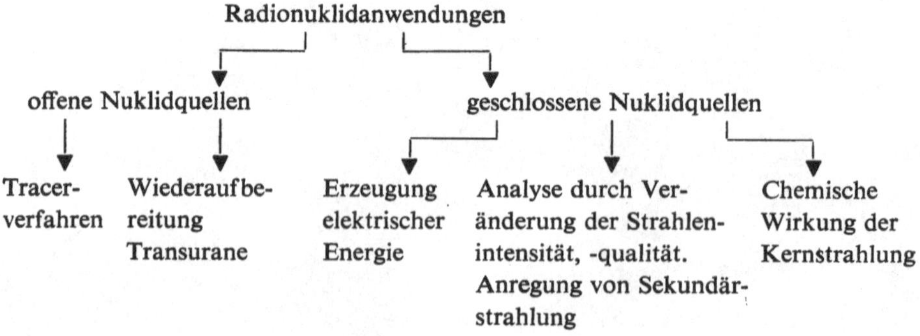

Geht man von der Verwendung „geschlossener“ und „offener“ Radionuklidquellen aus, dann lassen sich alle Anwendungsformen wie folgt in 5 Gruppen zusammenfassen.

1. Anwendung als Tracer (Tracertechnik) zur Erfassung des Verhaltens von Stoffen und Anlagen

Radiotracertechnik

- Qualitative und quantitative Untersuchung technischer Vorgänge und Verfahrensparameter
- Qualitative und quantitative Untersuchung von Reaktionsabläufen im molekularen und atomaren Bereich
- Isotopenverdünnungsanalyse und verwandte Analysenmethoden
- Radiorelease-Technik

Aktivierungstechnik

- Laboratoriumsanalysen zur Spurenelementbestimmung
- kontinuierliche und analytische Prozeßkontrolle
- qualitative und quantitative Untersuchungen von Vorgängen und Abläufen mit aktivierbaren Nukliden

2. Wiederaufbereitung von bestrahlten Kernbrennstoffen

- Abtrennung der Kernspaltprodukte vom Uranium und Plutonium
- Wiederverwendung als Kernbrennstoff
- Gewinnung und Nutzung von speziellen Spaltprodukten
- Gewinnung und Nutzung von Transuraniumelementen

3. Umwandlung von radioaktiver Strahlung in elektrische Energie oder Wärme (Radionuklidbatterien, Lichtquellen usw.)

4. Die chemische Wirkung von Kernstrahlung

Strahlenchemie

- Strahlenchemische Synthese
- Polymerisation
- Vernetzung
- Pfropfung usw.

Biologische Strahlenwirkung

- Pasteurisierung
- Sterilisierung
- Biologische Strahlenwirkung am lebenden Objekt

5. Veränderung der Strahlenintensität (Qualität, Winkelbeziehung und Anregung von Sekundärstrahlung). Dazu gehören:

Radiographie
- Gammagraphie und Röntgenographie
- Neutronenradiographie

Radiometrie
- Bestimmung von Dicken, Dichten, Flächengewichten und Füllständen durch Absorption und Rückstreuung radioaktiver Strahlung
- Bestimmung von Feuchtigkeitsgehalten mit Neutronen
- Elementaranalysen durch Absorption, Rückstreuung und Röntgenfluoreszenz

Gasionisationstechnik
- Beseitigung von elektrostatischer Aufladung
- Messungen an Gasströmen mittels Ionisationsmethoden

Diese einzelnen Anwendungsgebiete haben sich, obwohl die jährliche Steigerungsrate im Durchschnitt der Welt etwa 25–30% beträgt, doch sehr unterschiedlich entwickelt. So entfallen auf

Isotopenmeßgeräte zur Dicken-, Dichte-, Flächengewichtsbestimmung	60%
Gamma-Radiographie	6,5%
Tracertechnik	20%

Die Hauptanwendungsgebiete der Isotopentechnik liegen in der Industrie und verteilen sich etwa wie folgt:

Industrie	50%
Forschung	30%
Medizin	20%

In diesem Beitrag sollen nur die Radiotracermethoden näher betrachtet werden. Einen Überblick über die wichtigsten Tracermethoden gibt die folgende Zusammenstellung.

Tracer in der chemischen Reaktionskinetik

Sollen kompliziert und komplex ablaufende Reaktionsmechanismen wie katalytische Prozesse (Reforming, Isomerisation, katalytische Kracken usw.) und Reaktionen in Vielstoffgemischen – wie etwa die Bildung von Benzol bei der Benzinherstellung – untersucht werden, dann sind in den meisten Fällen die Isotopenmethoden die Mittel der Wahl. So konnte unter Anwendung von Kohlenstoff-14 nachgewiesen werden, daß beim Reformingprozeß zur Herstellung von Vergaserkraftstoff die Hauptmenge des Benzols aus Methylcyclopentan über Cyclohexan, Cyclohexen gebildet wird. Das Benzol ist aber auch Endglied anderer Reaktionsketten. Zur Lösung solcher komplizierter chemischer Reaktionen wurden die „kinetischen Isotopenmethoden“

entwickelt [1]. Nehmen wir an, daß im Rahmen einer komplizierten Reaktion der Stoff A über das Zwischenprodukt B in den Stoff C übergeht, so läßt sich das wie folgt beweisen:

$$A \rightarrow B \rightarrow C$$

Man gibt das Zwischenprodukt B in radioaktiv markierter Form dem Reaktionsgemisch zu und verfolgt die Umwandlung von B und die Bildung von C durch Aktivitätsmessung. Aus dem zeitlichen Verlauf der spezifischen Radioaktivität läßt sich auf die Reaktionsabläufe schließen. Mittels der kinetischen Isotopenmethode kann man u.a. feststellen, ob sich B und auch C aus einem oder aus mehreren Stoffen bilden und welchen Zeitgesetzen Bildung und Verbrauch der einzelnen Zwischenprodukte unterliegen.

Tab. 1

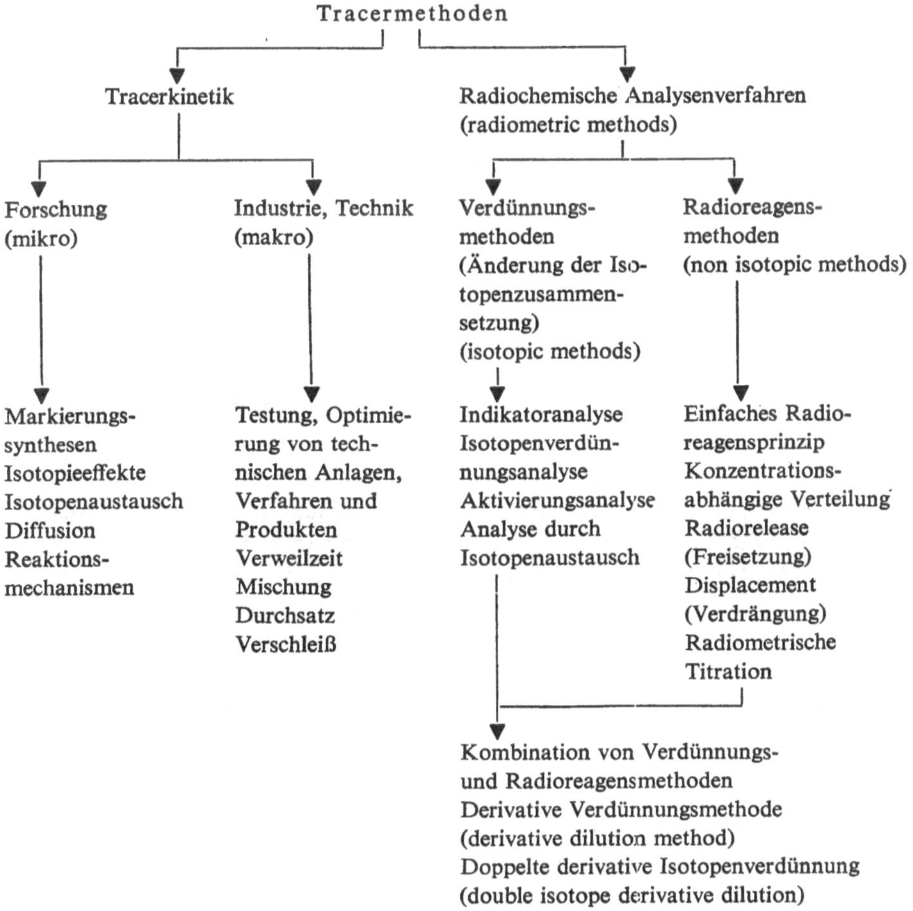

Bei der Untersuchung von Reaktionsabläufen, an denen markierte Elemente (Isotope) mit niedrigen Massenzahlen ($^1H/^3H$; $^{12}C/^{14}C$; $^{14}N/^{15}N$ usw.) beteiligt sind, kann ein Isotopeneffekt auftreten, der bei Traceruntersuchungen meist unerwünscht ist. Die Größe des kinetischen Isotopeneffektes (KIE) hängt vom geschwindigkeitsbestimmenden Schritt und dem Mechanismus der Reaktion ab. Umgekehrt kann man durch Messung des KIE Rückschlüsse auf den Reaktionsmechanismus ziehen. Ein KIE tritt nur dann merklich in Erscheinung, wenn der untersuchte Schritt geschwindigkeitsbestimmend ist und wenn Bindungsbrüche am markierten Atom eintreten.

Beispiel: ^{14}C-Tracer-Untersuchungen zur katalytischen Dehydrozyklisierung von n-Heptan

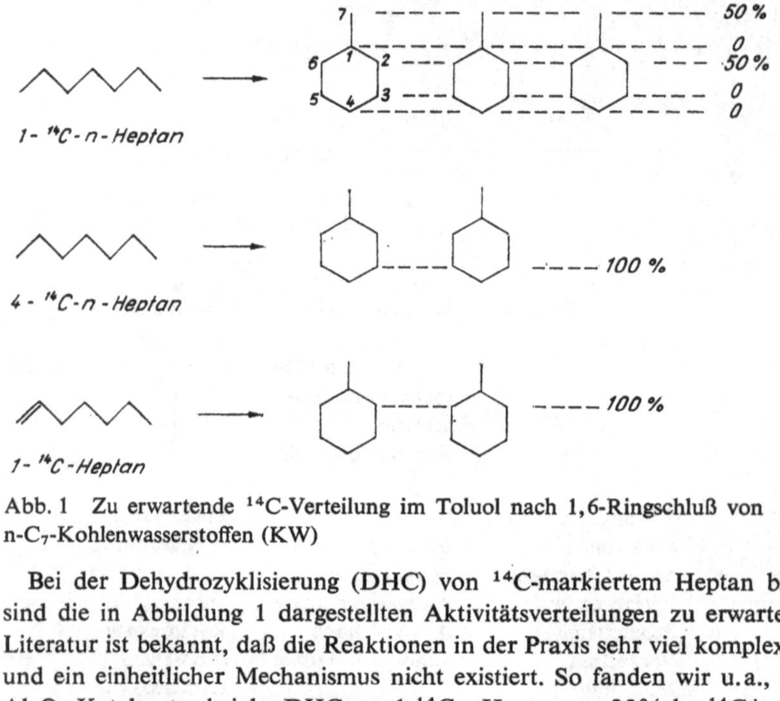

Abb. 1 Zu erwartende ^{14}C-Verteilung im Toluol nach 1,6-Ringschluß von n-C_7-Kohlenwasserstoffen (KW)

Bei der Dehydrozyklisierung (DHC) von ^{14}C-markiertem Heptan bzw. Hepten sind die in Abbildung 1 dargestellten Aktivitätsverteilungen zu erwarten. Aus der Literatur ist bekannt, daß die Reaktionen in der Praxis sehr viel komplexer ablaufen und ein einheitlicher Mechanismus nicht existiert. So fanden wir u.a., daß am Pt/Al_2O_3-Katalysator bei der DHC von 1-^{14}C n-Heptan nur 25% des ^{14}C in der Methylgruppe zu finden sind. Andererseits findet man bei der Umsetzung von 4-^{14}C n-Heptan bis 5% der Radioaktivität in der Methylgruppe. Um vertiefte Informationen über die Reaktionsverläufe zu erhalten, wurden von uns DHC-Untersuchungen in Abhängigkeit von der Katalysatorzusammensetzung, -menge, (Verweilzeit) und dem Druck durchgeführt.

Der Einfluß des Druckes

Der verwendete Katalysator war vom Typ Pt/Re/Cr_2O_3/Al_2O_3 [2]. Verwendet wurde eine Leichtbenzinfraktion mit 14,5% n-Heptan. Folgende Parameter wurden konstant gehalten: $T = 520\,°C$; lh. s.v. = 1,8 v/vh; H_2 = 5 mol/Mol. Tabelle 2 zeigt einige Ergebnisse. Es läßt sich erkennen, daß das gebildete Toluen relativ stabil ist. Lediglich bei hohen Drücken werden 5% in niedere Kohlenwasserstoffe umgewandelt. Auch die Verteilung der ^{14}C-Aktivität erfolgt bei höheren Drücken zugunsten des aromatischen Ringes [3], d.h. das Endprodukt (Toluen) geht weitere Gleichgewichtsreaktionen wie Sechsring-Fünfring-Isomerisierungen ein. Bei hohen Drücken ist das Gleichgewicht nach der Naphthenseite verschoben. Einzelheiten zu' den Mechanismen zeigt die Abbildung 2.

Tab. 2 Ergebnisse der Leichtbenzinreformierung bei verschiedenen Drücken unter Verwendung von [1-^{14}C]n-Heptan und [7-^{14}C]Toluen

Serie/Kat.	Tracer	Temp. (°C)	Druck (MPa)	% Methylmarkierung
15/20730	[1-^{14}C]n-Hexan	500...540	1,0	24,0
16/23043	[1-^{14}C]n-Hexan	500...540	1,0	30,7
17/23721	[1-^{14}C]n-Hexan	500...540	1,0	24,8
18/23719	[1-^{14}C]n-Hexan	500...540	1,0	25,7
19/23761	[1-^{14}C]n-Hexan	500...540	1,0	24,1
20/23761	[1-^{14}C]n-Hexan	520	0,5	28,8
20/23761	[1-^{14}C]n-Hexan	520	1,0	25,6
20/23761	[1-^{14}C]n-Hexan	520	2,0	24,3
20/23761	[7-^{14}C]Toluol	520	0,5	99,33
20/23761	[7-^{14}C]Toluol	520	1,0	97,4
20/23761	[7-^{14}C]Toluol	520	2,0	90,0

Einfluß der Verweilzeit (Katalysatormenge) auf den Reaktionsverlauf

Die Umsetzung von n-Hexan in Toluen sowie der ^{14}C-Gehalt in der Methylgruppe des Toluens hängt von der Katalysatormenge ab. Abbildung 3 zeigt, daß mit zunehmender Katalysatormenge (zunehmende Reaktionszeit) der ^{14}C-Gehalt der Methylgruppe abnimmt. Dieser Sachverhalt beruht darauf, daß zunehmend Isomerisierungsreaktionen eintreten und Isoparaffine entstehen. Bei längerer Reaktionszeit nehmen die Methylhexane an der DHC teil, was zu einem geringeren ^{14}C-Gehalt in der Methylgruppe des Toluens von nur 25% der Gesamtmenge führt.

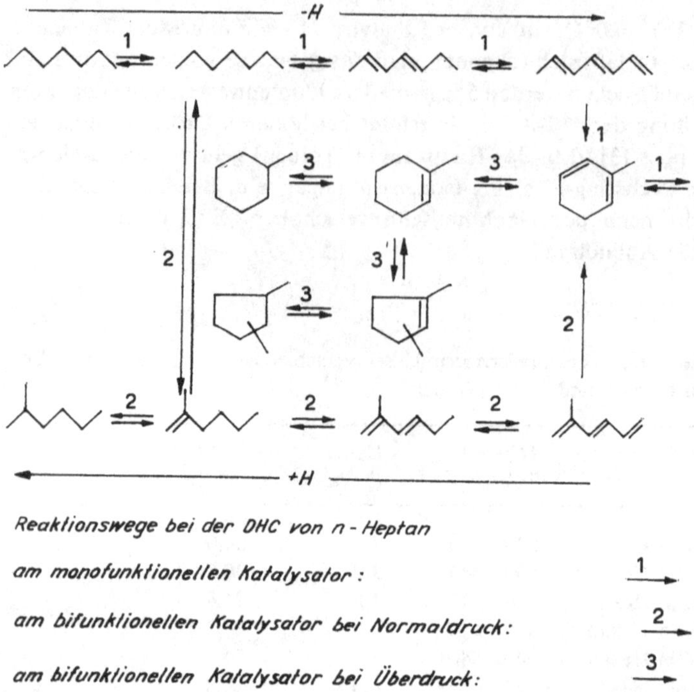

Abb. 2 Reaktionswege bei der Dehydrozyklisierung von n-Heptan

Einfluß des Katalysators

Die obengenannten Versuche wurden mit einem monofunktionellen Platinkatalysator (1% Pt auf Aktivkohle) wiederholt. Die ^{14}C-Verteilung ist unabhängig von der Reaktionszeit und erreichte praktisch den theoretischen Wert von ~50% in der Methylgruppe des Toluens. Daraus folgt, daß dieser Katalysator hochselektiv ist und keine Isomerisation (<1,5%) eintritt.

Traceranwendung in der chemischen Verfahrenstechnik

Der Verfahrensschritt ist durch die Entwicklung neuer Produktionsverfahren, die Optimierung und Automatisierung bekannter Verfahren sowie durch den Übergang von der diskontinuierlichen zur kontinuierlichen Prozeßführung gekennzeichnet. Die Forderung nach extremen Betriebsparametergrößen und die Notwendigkeit, diese Parameter in engen Grenzen einzuhalten, verlangt die Anwendung empfindlicher Untersuchungsmethoden und die mathematische Modellierung solcher komplexer Reaktionssysteme.

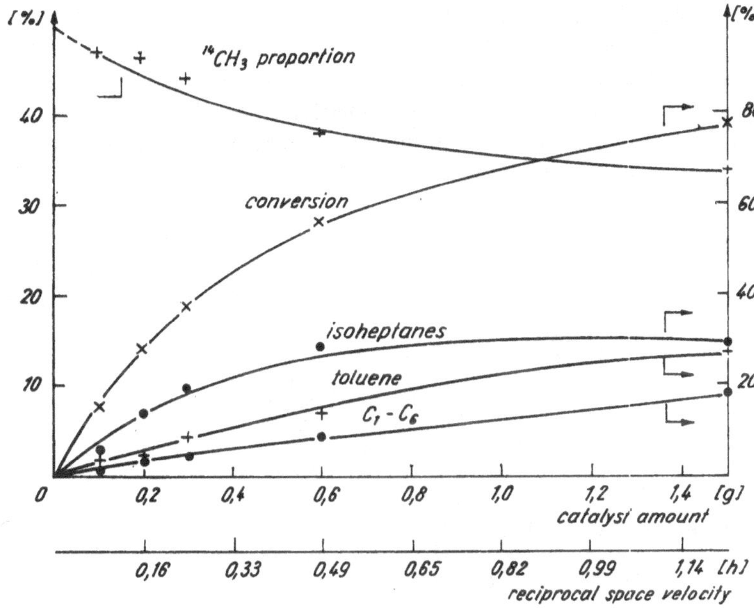

Abb. 3 Ausbeute der Hauptprodukte der DHC von n-Heptan und ^{14}C-Verteilung im Toluol in Abhängigkeit von der Katalysatormenge

Im Zuge dieser Entwicklung werden vor allem Stofftransport, Stoffverteilungen, Material- und Produktbilanzen, Verschleiß- und Korrosionsprobleme mittels Leitisotopen studiert. Diese Untersuchungen erfolgen durch Verweilzeit-, Strömungs-, Verteilungs- und Vermischungsuntersuchungen.

Beispiel eines komplexen Tracereinsatzes zur Rationalisierung einer Caprolactamproduktionsanlage.

Zur Rekonstruktion und Rationalisierung der Caprolactamfabrik (Dederonproduktion) im VEB Leuna-Werke „Walter Ulbricht“ [4] wurden bei der Untersuchung von fünf verschiedenen Produktionsstufen Tracermethoden angewandt.

In der großtechnischen Produktionsanlage wird das Caprolactam, der Hauptrohstoff für Polyamidfaser und -plaste über die Verfahrensstufen

- Cumensynthese,
- Phenolsynthese,
- Cyclohexanonsynthese,
- Oximierung des Cyclohexanons,
- Umlagerung von Cyclohexanonoxim und Neutralisation,
- Caprolactamextraktion und
- Caprolactamdestillation

erzeugt.

In der Abbildung 4 sind das Prinzipschema der einzelnen Produktionsstufen der Caprolactamherstellung sowie die Stellen, an denen Tracerexperimente durchgeführt wurden, schematisch dargestellt. Die Tracerexperimente leisteten einen wesentlichen Beitrag zur wissenschaftlichen analytischen Durchdringung des Prozesses bzw. der einzelnen Prozeßstufen. Dadurch konnten auf anderem Wege nicht erhaltbare Informationen als Voraussetzung für die Intensivierung, Kapazitätserhöhung und Quali-

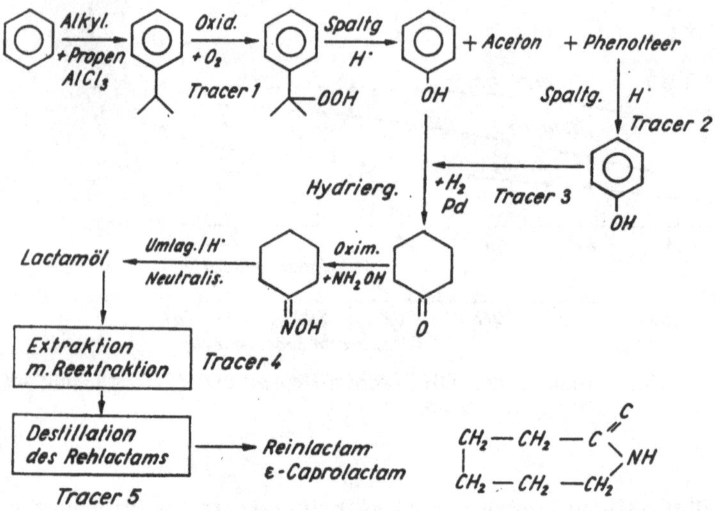

Abb. 4 Prinzipschema der einzelnen Produktionsstufen der technischen Caprolactamherstellung mit Kennzeichnung der Tracerexperimente (lies Rohlactams, statt Rehlactams)

tätserhöhung der Endprodukte erhalten werden. In der Tabelle 3 sind die einzelnen Tracerexperimente und der allein durch die Isotopentechnik erzielte Nutzen zusammengestellt.

Der komplexe Einsatz der Radiotracertechnik in diesem vielstufigen großtechnischen Produktionsprozeß hat zu folgenden Punkten wesentlich beigetragen:

- Erarbeitung der theoretischen Grundlagen der einzelnen Verfahrensstufen und deren wissenschaftliche Durchdringung,
- Optimierung des Betriebsregimes durch eine wissenschaftlich begründete Fahrweise mit dem Ergebnis bedeutender Einsparungen an Material, Energie und Importmittel,
- Qualitätsverbesserung der Endprodukte, Erhöhung der Durchsatzleistung durch konstruktive Veränderungen von Anlagen bei geringem Aufwand,
- schnelle Überführung der Forschungsergebnisse in die Praxis.

Tab. 3 Zusammenstellung der an der Caprolactamproduktionsanlage durchgeführten Tracerexperimente mit Ergebnis- und Nutzensdarstellung

Produktionsstufe	Tracerexperiment	Ergebnis/Nutzen
Cumenoxidation zu Cumenhydroperoxid Phenol + Aceton	Verweilzeitmessungen mit ^{82}Br-Naphthalin	Kapazitätssteigerung der Phenolsynthese um 40%; Nutzen 645 TM
Phenolteerspaltung (Optimierung des Stoffdurchsatzes)	Mitreißeffekte mit ^{24}NaCl	Nachweis einer höheren Durchsatzkapazität, Einsparung von Großversuchen; Nutzen 65 TM
Phenolhydrierung zu Cyclohexanon	Mitreißeffekte mit ^{24}NaCl	Kapazitätssteigerung um 30%; Investeinsparung, Lebensdauererhöhung des Katalysators; Nutzen 260 TM
Caprolactamextraktion mit Trichloräthylen	Verweilzeitmessungen mit ^{24}NaCl-wäßrige Phase ^{82}Br-Benzol-organische Phase	Vibrationsextraktor arbeitet nicht optimal, konstruktive Änderungen, Energieeinsparung; Nutzen 60 TM
Caprolactamdestillation	Verweilzeitmessungen mit ^{99m}Tc	Qualitätssteigerung des hochreinen Caprolactams mit Gütezeichen Q; Nutzen 200 TM
Gesamtnutzen durch Radiotracertechnik 1,2 Mio M		

Das Aufwand-Nutzen-Verhältnis betrug insgesamt 1:12,1. Für die einzelnen Verfahrensstufen wurden folgende Aufwand-Nutzen-Verhältnisse ermittelt:

- Cumenoxidation 1:30,7
- Phenolteerspaltung 1:5,4
- Phenolhydrierung 1:18,3
- Extraktion 1:1,5
- Destillation 1:15,0

Literatur

[1] Neimann, M. B. und Gal, D. „The kinetic isotope method and its application" Kaido Budapest 1971.

[2] DD-WP 142,271 (1980).

[3] Dermietzel, J. et al., Chem. Techn. **30**, 626 (1978).

[4] Mitt. Blatt der Chem. Gesellschaft der DDR **26**, Heft 9/10, Seite 215 (1979) und **26**, Heft 11, Seite 234 (1979).
Isotopenpraxis **16**, 224 (1980).
Isotopenpraxis **19**, 4 (1983).

Rolf Schöllner

Zur Herstellung hydrothermal wenig geschädigter 5A-Zeolithe

In technisch realisierten Adsorptionsverfahren, wie der Gewinnung von n-Paraffinen aus Kohlenwasserstofffraktionen, der Reinstgewinnung von Wasserstoff aus technischen Gasen oder der adsorptiven Zerlegung der Luft, haben sich 5A-Zeolithe international bewährt. Beim Ionenaustausch werden ausschließlich Ca-Ionen zur Herstellung der Zeolithe benutzt. Der in unserer Republik für den Parexprozeß entwickelte 5AM-Zeolith des VEB Chemiekombinat Bitterfeld-Wolfen, basierend auf einem Magnesiumaustauschgrad von 32–35%, hat sich infolge seiner zu geringen hydrothermalen Stabilität nicht durchgesetzt.

Bei der adsorptiven Gewinnung von Stickstoff bzw. Sauerstoff aus der Luft oder anderen Druck-Wechsel-Adsorptionsverfahren werden die primär hergestellten und aktivierten 5A-Zeolithe im technischen Prozeß keiner hydrolytischen oder hydro-

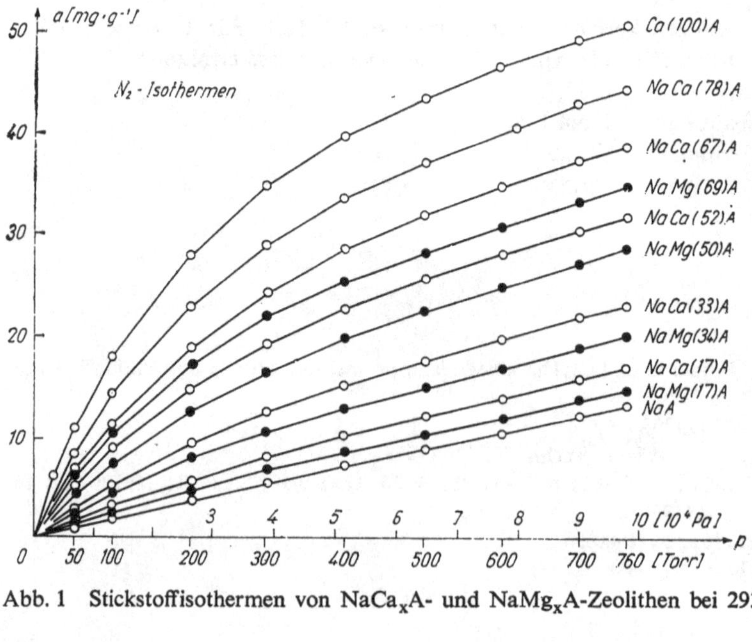

Abb. 1 Stickstoffisothermen von $NaCa_xA$- und $NaMg_xA$-Zeolithen bei 293 K

thermalen Belastung ausgesetzt. Solche Verfahren arbeiten mit einer Füllung bis zu 10 Jahren. Die adsorptiven Eigenschaften der eingesetzten Adsorbenzien bestimmen ein Jahrzehnt die Leistungen der Anlage.

Diese Gedanken waren ausschlaggebend für die von uns durchgeführten Untersuchungen zur Herstellung von 5A-Zeolithen mit verbesserten Eigenschaften.

Die Abhängigkeit der adsorbierten Stickstoffmengen vom Partialdruck bei 293 K und unterschiedlichem Ca- und Mg-Austauschgrad der A-Zeolithe ist in Abb. 1 dargestellt. Während ein Ca(100)A-Zeolith durch mehrmaligen Ionenaustausch herstellbar ist, gelingt das bei NaMgA-Zeolithen nicht. NaMgA-Zeolithe mit einem Austauschgrad höher als 75–80% weisen Kristallschäden auf.

Aus den experimentell ermittelten Isothermen für Stickstoff berechneten wir die isosteren Adsorptionswärmen in Abhängigkeit von der Beladung (Abb. 2 und 3). Die NaCaA-Zeolithe sind hinsichtlich der adsorbierten Stickstoffmengen bei gleichem Partialdruck den NaMgA-Zeolithen überlegen, letztere besitzen aber eine größere isostere Adsorptionswärme.

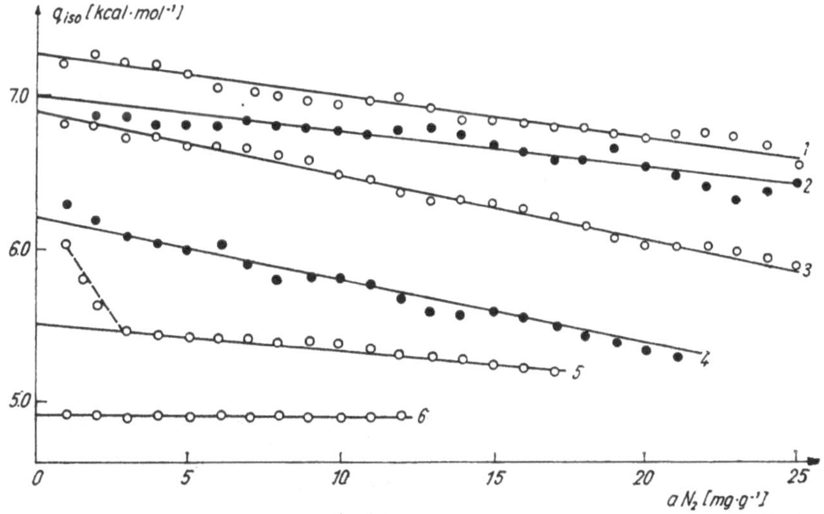

Abb. 2 Isostere Adsorptionswärmen q_{iso} von Stickstoff an $NaCa_xA$-Zeolithen in Abhängigkeit von der Beladung und dem Austauschgrad. Die durch Extrapolation auf Beladung Null erhaltenen isosteren Adsorptionswärmen q^0_{iso} sind die in Klammern angegebenen Werte

1 = Ca(100)A (7,3 kcal · mol^{-1})
2 = 5AZ Pulver (Chemiekombinat Bitterfeld) (7,0 kcal · mol^{-1})
3 = NaCa(50)A (6,9 kcal · mol^{-1})
4 = NaCa(33)A (6,2 kcal · mol^{-1})
5 = NaCa(17)A (5,5 kcal · mol^{-1})
6 = NaA (4,9 kcal · mol^{-1})

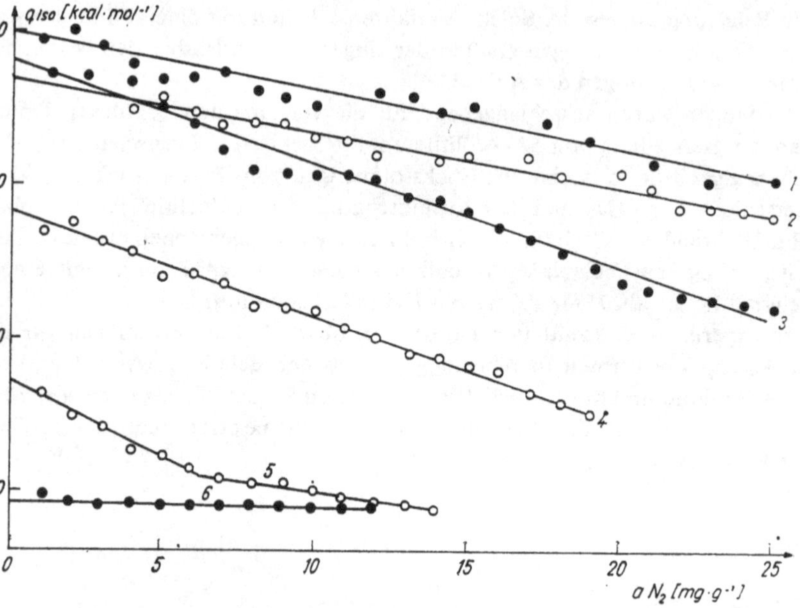

Abb. 3 Isostere Adsorptionswärmen q_{iso} von Stickstoff an $NaMg_xA$-Zeolithen in Abhängigkeit von der Beladung und dem Austauschgrad.
Die durch Extrapolation auf Beladung Null erhaltenen isosteren Adsorptionswärmen q^0_{iso} sind die in Klammern angegebenen Werte
1 = NaMg(80)A (8,0 kcal · mol^{-1})
2 = NaMg(69)A (7,7 kcal · mol^{-1})
3 = NaMg(56)A (7,8 kcal · mol^{-1})
4 = NaMg(33)A (6,8 kcal · mol^{-1})
5 = NaMg(17)A (5,7 kcal · mol^{-1})
6 = NaA (4,9 kcal · mol^{-1})

Bereits beim Vergleich der Abbildung 2 und 3 wird deutlich, daß die isosteren Adsorptionswärmen der NaMgA-Zeolithe mit steigendem Mg-Austauschgrad nicht stetig zunehmen. Die höher als 75% mit Mg^{2+} ausgetauschten Zeolithe führen zu keiner höheren isosteren Adsorptionswärme, weil mit höherem Ionenaustausch bereits erste Kristallschädigungen auftreten.

Die gemeinsam mit der Sektion Physik der Karl-Marx-Universität durchgeführten $^{15}N_2$-NMR-Untersuchungen beweisen, daß der Stickstoff mit den Mg^{2+}-Ionen stärkere Wechselwirkungen als mit den Ca^{2+}-Ionen eingeht [1]. Das dokumentieren auch die Ergebnisse gaschromatographischer Messungen, bei denen die NaMgA-Zeolithe unter gleichen experimentellen Bedingungen stets die höheren Trennfaktoren (α) gegenüber den NaCaA-Vertretern mit gleichem Austauschgrad erbringen [2].

Bestimmt man jedoch zusätzlich die Sauerstoffisothermen der NaCaA- und NaMgA-Zeolithe in Abhängigkeit vom Austauschgrad an zweiwertigen Kationen (Abb. 4)

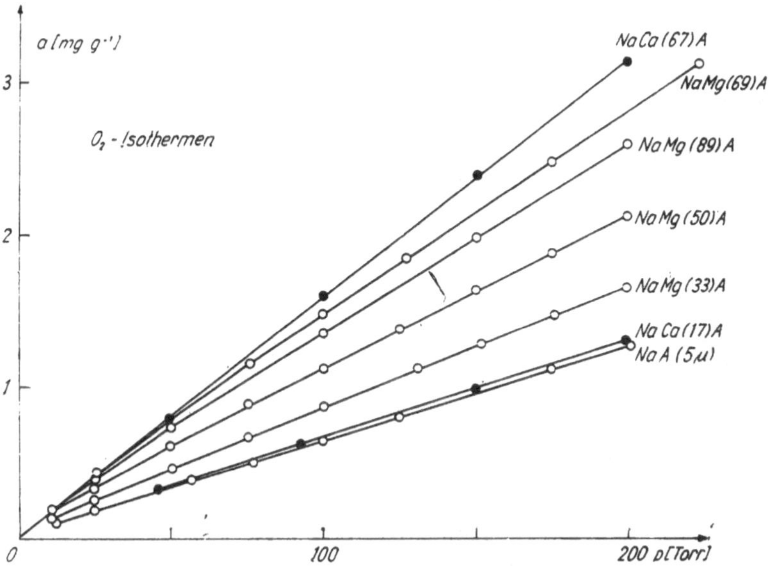

Abb. 4 Sauerstoffisothermen von $NaCa_xA$- und $NaMg_xA$-Zeolithen bei 293 K bis 200 Torr

und berechnet aus den Isothermen die statischen Trennfaktoren (β) für die Zusammensetzung der Luft, so ergeben sich unter der Annahme einer weitgehenden Gleichgewichtseinstellung bei technischen Prozessen keine Vorteile der NaMgA- gegenüber den NaCaA-Zeolithen. Im dynamischen Regime sind jedoch jene Zeolithe bevorzugt, die bei gleichen statischen Trennfaktoren die höheren isosteren Adsorptionswärmen gegenüber Stickstoff erbringen.

Die Forderung nach einem einstufigen Ionenaustausch besteht vom ökonomischen Gesichtspunkt der Zeolithherstellung zu recht. Je höher der Austauschgrad an zweiwertigen Kationen in intakten A-Zeolithen bei einem Austauschprozeß ist, desto größer wird die Sauerstoffselektivität des Adsorbens bei der adsorptiven Luftzerlegung (steigende β-Werte). Die bisher technisch durchgeführten Ionenaustauschprozesse ergaben bei Ca-Salzen maximale Austauschgrade von 70% und bei Mg-Salzen von 45%.

Es gelang uns, durch die Anwendung von Konkurrenzionenaustauschprozessen NaCaMgA-Zeolithe in einem einstufigen Ionenaustauschvorgang mit einem Gesamtaustauschgrad an zweiwertigen Kationen von 80–90% im Labor und im technischen Maßstab herzustellen [3]. Die gemessenen Stickstoffisothermen zeigen, daß sich die Eigenschaften der eingetauschten Ca- und Mg-Ionen hinsichtlich des adsorptiv gebundenen Stickstoffes additiv verhalten. NaMgCaA-Zeolithe mit einem Gesamtaustauschgrad an zweiwertigen Kationen von 85% bei einem Mg-Austauschgrad von 25 bis 45% sind mit NaCaA-Zeolithen, die einen Austauschgrad von 78–80% an Ca-Ionen besitzen, vergleichbar (Abb. 5).

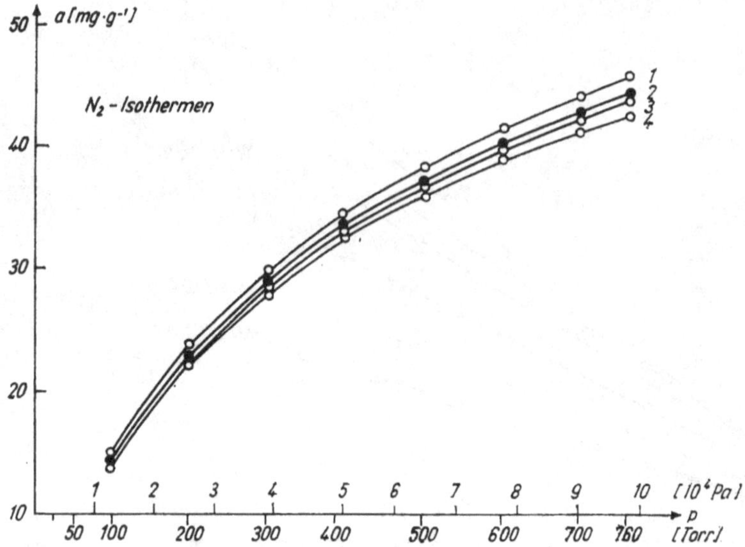

Abb. 5 Stickstoffisothermen bei 293 K von 5A-Zeolithen mit einem Austauschgrad von 75–90% an zweiwertigen Kationen
1 = NaCa(64)Mg(24)A
2 = NaCa(78)A
3 = NaCa(45)Mg(43)A
4 = NaCa(48)Mg(29)A

In Abbildung 6 werden der von uns gemeinsam mit dem VEB Leunawerke „Walter Ulbricht" im 100 kg-Maßstab hergestellte 5ACM-Zeolith mit der Zusammensetzung NaCa(46)Mg(33)A und der technisch im VEB Chemiekombinat Bitterfeld-Wolfen erzeugte 5AZ-Zeolith hinsichtlich ihres adsorptiven Verhaltens gegenüber Stickstoff verglichen.

Überraschend ist der Tatbestand, daß der 5AZ-Zeolith nach der bisherigen technisch realisierten thermischen Aktivierung nur noch eine wesentlich geringere statische Kapazität aufweist als der eingesetzte unaktivierte 5AZ-Preßling. Die Untersuchungen der international handelsüblichen 5A-Zeolithe durch Aufnahme der N_2-Isotherme bei 293 K ergaben, daß diese Zeolithe alle teilgeschädigt sind.

A-Zeolithe sind alternierend aus SiO_4- und $AlO_4^{(-)}$-Tetraedern aufgebaut. Eine saure Zersetzung müßte ausschließlich Monokieselsäure ergeben. In Wirklichkeit findet man in Abhängigkeit von der Kristallschädigung während des Ionenaustausches oder der nachfolgenden thermischen Entwässerung und Aktivierung beträchtliche Anteile von Di- und Polykieselsäuren im sauren Aufschluß durch die Molybdatmethode [4, 5].

Das Absinken der adsorbierten Stickstoffmengen geht mit einem Ansteigen der Di- und Polykieselsäureanteile einher (Tab. 1). Die adsorbierte Stickstoffmenge kann als Maß der Kristallschädigung herangezogen werden.

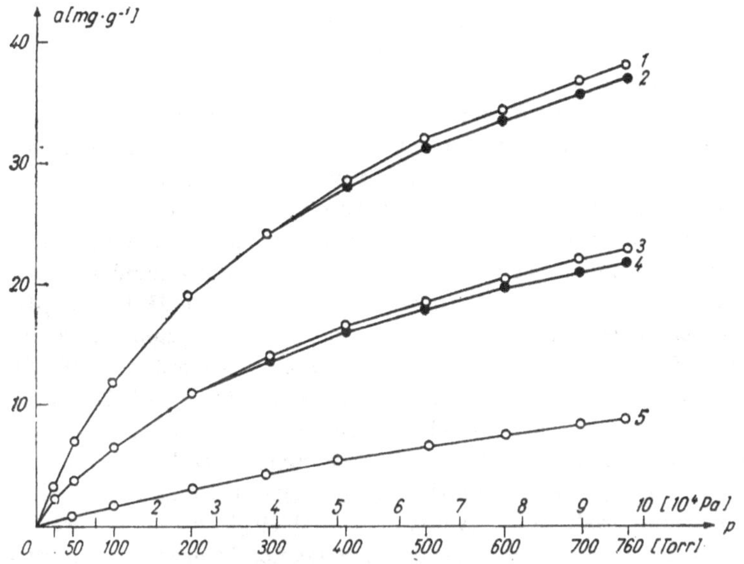

Abb. 6 Stickstoffisothermen bei 293 K von technisch hergestellten 5AZ- und 5ACM-Zeolithen
1 = 5AZ Pulver VEB Chemiekomb. Bitterfeld
2 = 5ACM Pulver VEB Leunawerke „Walter Ulbricht"
3 = 5AZ Strang unaktiviert VEB Chemiekomb. Bitterfeld
4 = 5ACM Strang VEB Leunawerke „Walter Ulbricht" unaktiviert
5 = 5AZ Strang aktiviert (Handelsware)

Tab. 1 Charakterisierung der 5A-Zeolithe durch die adsorbierte Stickstoffmenge bei 293 K und 760 Torr sowie die Bestimmung der Monokieselsäureanteile mit Hilfe der Molybdatmethode

Zeolith	N_2-Menge $mg \cdot g^{-1}$	Monokieselsäure-anteil %
5A UCC Kugeln	11,4	80
5A UCC Strang	—	80
5A Baylith K 254 Kugeln	11,6	60
5A Grace 5285 Kugeln	12,2	80
5A Kugeln Chemiekombinat Bitterfeld	10,0	55
5AZ Strang Chemiekombinat Bitterfeld	8,8	45
5AZ Strang Chemiekombinat Bitterfeld	11,2	60

Würde es gelingen, die hydrothermale Schädigung während der thermischen Aktivierung auf ein Minimum zurückzudrängen, könnten Zeolithe mit wesentlich höheren statischen und dynamischen Kapazitäten für Stickstoff hergestellt werden. Damit wäre eine entscheidende Voraussetzung für eine günstigere Ökonomie der adsorptiven Luftzerlegung geschaffen. Was verbirgt sich hinter dem Begriff der hydrothermalen Schädigung? Eingehende Literaturstudien und eigene Versuche [6, 7, 8] ließen erkennen, daß bereits während des Ionenaustausches hydrolytische Reaktionen ablaufen, die Vorstufen der eigentlichen hydrolytischen oder hydrothermalen Zersetzung sind. Ein 4A- oder 5A-Zeolith kann in einer Lösung am pH-Wert 7 unter ständiger minimaler Zugabe von Säuren vollkommen hydrolytisch zersetzt werden [9]. Ein am pH-Wert 7 durchgeführter Ionenaustausch mit $CaCl_2$-Lösung vom 4A- zum 5A-Zeolith weist im entstandenen NaCaA-Produkt bereits Anteile an Dikieselsäuren auf [8]. Je weiter der pH-Wert während des Ionenaustausches vom schwach alkalischen in das neutrale oder schwach saure Gebiet verschoben wird, umso mehr H-Ionen werden in den Zeolith eingebaut. Der erhaltene NaCaA-Zeolith besitzt zwar den erwünschten Austauschgrad an Ca-Ionen, gleichzeitig aber auch genügend zeolithisch verankerte Protonen in Form der Brönstedt-sauren Zentren, die in Abhängigkeit von den Bedingungen des Ionenaustausches – insbesondere der angewandten Temperatur – bereits weitgehend zur Spaltung der Si–O–Al-Bindung führten.

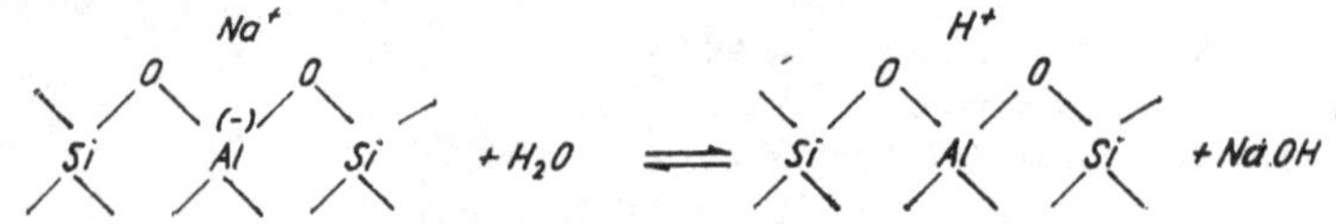

(1)

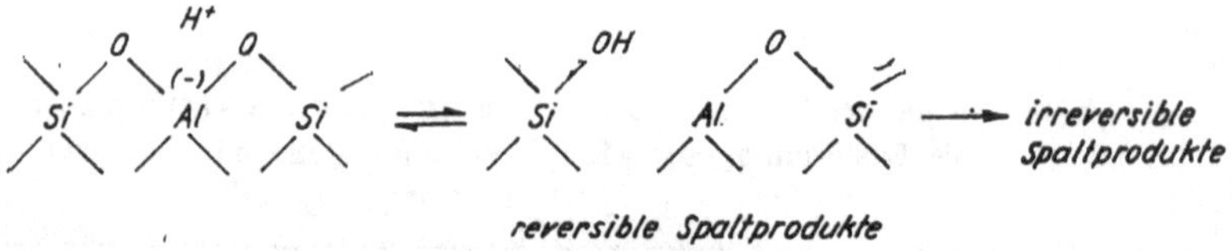

(2)

Offensichtlich bilden sich bei A-Zeolithen in Gegenwart von Protonen und Wasser sehr rasch aus der reversiblen Spaltung der Si–O–Al-Bindungen irreversible Stufen.

Die irreversiblen Spaltprodukte stellen bereits eine Vorschädigung der Kristalle dar und sind mit der Molybdätmethode nachweisbar. Derartig vorgeschädigte Zeolithe sind besonders anfällig für die nachfolgende thermische Aktivierung. Während des thermischen Entzugs von Wasser kommt es erneut zu hydrolytischen Reaktionen an bisher ungeschädigten Kristallabschnitten.

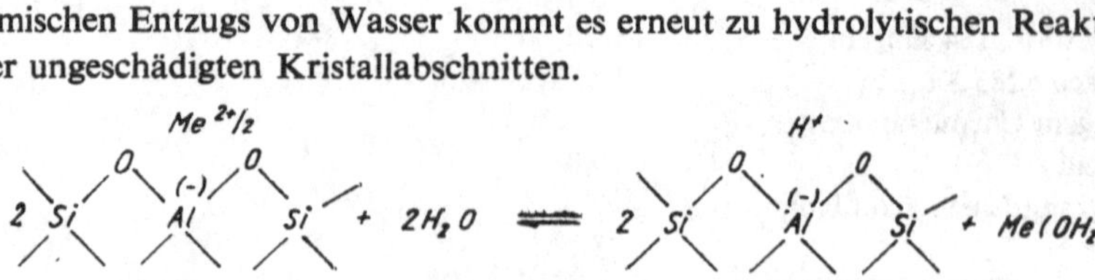

(3)

Jede thermische Entwässerung begünstigt hydrolytische Reaktionen nach Gleichung 1, 3 sowie 2 und produziert im Innern des Zeoliths Protonen bzw. Brönstedt-saure

Zentren, die zur irreversiblen Spaltung der Si—O—Al-Bindung führen. Bereits vorhandene vorgeschädigte Zentren werden durch die anwesenden Protonen in ihren weiteren Folgeschritten der Hydrolyse katalysiert. Selbstverständlich hat die Art der zweiwertigen Kationen Einfluß auf die hydrolytische und hydrothermale Schädigung der A-Zeolithe. Aus der Literatur ist bekannt, daß NaMgA-Zeolithe bevorzugt in Gegenwart von Wasser bzw. Wasserdampf geschädigt werden [10, 11]. Das nach Gleichung 3 gebildete $Mg(OH)_2$ hat eine wesentlich geringere Löslichkeit als $Ca(OH)_2$. Das hydrolytische Gleichgewicht wird bei NaMgA-Zeolithen durch Ausfall des $Mg(OH)_2$ ungünstig im Sinne der irreversiblen Spaltreaktionen beeinflußt. Jede irreversible Spaltung einer Si—O—Al-Bindung setzt das dazugehörige Kation frei. Spaltreaktionen obengenannter Art führen zur Veränderung der Positionen der zweiwertigen Kationen bis hin zur Ausbildung von Zersetzungsprodukten wie $Me(OH)_2$, Me-silikaten oder Me-alumosilikaten.

Hydrothermale Schädigungen an A-Zeolithen sind an den adsorbierten Stickstoffmengen erkennbar. Die Stickstoffmoleküle sind besonders geeignete Sensoren, weil neben den unspezifischen noch zusätzlich Quadrupol-Feldgradienten-Wechselwirkungen mit den zweiwertigen Kationen vorliegen. Veränderungen in der Kationenart und -verteilung sowie in den angenommenen Kationenpositionen der zweiwertigen Ionen haben unmittelbare Auswirkungen auf die adsorbierten Stickstoffmengen.

Die hydrolytische Zerstörung einer zweiwertigen Kationenposition bedingt eine entsprechend geringere adsorbierte Stickstoff-Menge. Formal könnte aus der Differenz der Werte der statischen Stickstoffkapazitäten eines Zeolithen vor und nach der thermischen Aktivierung der prozentuale Gehalt der unwirksam gewordenen zweiwertigen Kationen berechnet werden. Das ergäbe für einen 5AZ-Typ unter Beachtung der Abbildung 1 und 6 einen Zerstörungsgrad von etwa 60%.

Eine thermische Entwässerung ohne hydrothermale Schädigung ist nach den bisherigen Ausführungen im technischen Maßstab kaum denkbar. Wird die Entwässerung im Flachbett unter Hochvakuumbedingungen ohne anfängliche Temperaturerhöhung bis zur Entfernung der Hauptmenge des Wassers durchgeführt, gelingt es, hydrothermal ungeschädigte dehydratisierte Zeolithe herzustellen. Das ist die Voraussetzung zur Aufnahme von Stickstoffisothermen unterschiedlichster Zeolithe ohne zusätzliche Zerstörung. Eingehende Untersuchungen an unterschiedlich ausgetauschten A-Zeolithen hinsichtlich der Wasserabgabe in Abhängigkeit von der Temperatur führten zu der Erkenntnis, daß die Hauptmenge des Wassers in NaMgA-Zeolithen leichter abgegeben wird als in den NaCaA-Typen gleichen Austauschgrades (Abb. 7). Eine frühere Wasserabgabe erhöht die Chance, mit geringeren hydrothermalen Schädigungen zum dehydratisierten Zustand zu kommen.

Das war der Ausgangspunkt unserer experimentellen Arbeiten. Wir untersuchten die unterschiedlichsten Aktivierungsbedingungen an den beiden Zeolithen 5AZ und 5ACM mit annähernd gleichem Austauschgrad an zweiwertigen Kationen. Der 5ACM-Typ hat den Vorteil, daß sich die Wasserabgabe infolge der additiven Eigenschaften der eingetauschten Ca- und Mg-Ionen gegenüber H_2O auf einen größeren Temperaturbereich erstreckt, die Bereiche hoher Wasserabgaben reduziert werden und eine

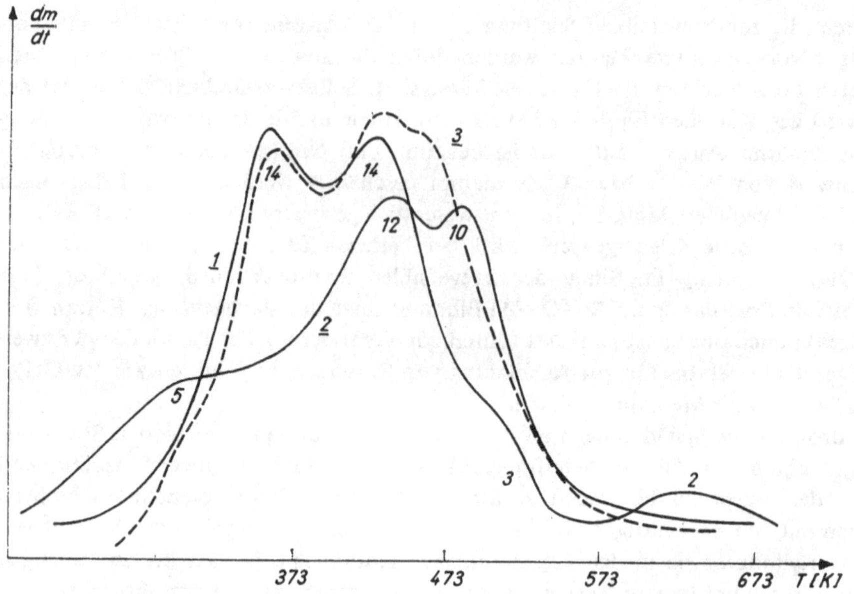

Abb. 7 Differentialthermographimetrische Analyse von 5A-Zeolithen
1 = NaMg(68)A
2 = NaCa(70)A
Die angegebenen Zahlenwerte stehen für die Anzahl der Wassermoleküle pro Hohlraum, die mit dem entsprechenden Peak freigesetzt werden
3 = NaCa(40)Mg(48)A

größere Menge H_2O bereits bei niederen Temperaturen im Vergleich zum 5AZ-Typ abgegeben wird. Ein reiner NaMgA-Typ kommt infolge der Vorschädigung während des 2- bis 3stufigen Ionenaustausches und des ökonomischen Mehraufwandes nicht in Betracht. Vom Gesichtspunkt der Wasserabgabe in Abhängigkeit von der Temperatur besitzt er die günstigsten Voraussetzungen.

In einer Wirbelschichtapparatur, errichtet im VEB Hydrierwerk Zeitz, konnten wir im 30 kg-Maßstab hydrothermal wenig geschädigte Zeolithe herstellen. Die günstigen Strömungsverhältnisse im Wirbelschichtbett, die Einstellung eines Temperatur-Zeit-Ablaufes entsprechend der Wasserabgabe des Zeoliths in Abhängigkeit von der Temperatur, gestatten den raschen Abtransport der an die Oberfläche diffundierenden Wassermoleküle und verhindern ein mehrmaliges, erneutes Adsorbieren des bereits desorbierten Wassers. Der schnelle Abtransport von der Oberfläche sichert eine hohe Diffusionsgeschwindigkeit des Wassers aus dem Poreninneren an die Oberfläche. Eine zusätzliche chemische Modifizierung des Trägergases wirkt der irreversiblen hydrolytischen Spaltung der Si—O—Al-Bindung entgegen.

Sowohl die gemessenen adsorbierten Stickstoffmengen in Abhängigkeit vom Partialdruck bei 293 K als auch die durch die Molybdatmethode ermittelten Anteile an

Monokieselsäure liegen entscheidend höher als die Werte bei den bisher international gehandelten 5A-Zeolithen (Tab. 2). Erstmalig ist es gelungen, 5A-Zeolithe mit wesentlich geringerer hydrothermaler Schädigung technisch herzustellen. Der 5ACM-Zeolith ist dem 5AZ überlegen.

Der 5ACM-Zeolith wurde in einer Druck-Wechsel-Adsorptions-Referenzanlage mit 3 Adsorbertürmen von jeweils 85 l Inhalt eingesetzt. Infolge der hohen adsorbierten Stickstoffmengen und der erhöhten isosteren Adsorptionswärme des Stickstoffs gelingt es, eine ökonomische Sauerstoff-Fahrweise zu realisieren bzw. Stickstoff mit einer Reinheit von 96–98 % aus Luft herzustellen. Zur Zeit erfolgt die Optimierung der Anlage. Diese Untersuchungen sind Teil eines größeren Forschungskomplexes, an dem vor allem folgende Kollegen wesentlichen Anteil haben: Doz. Dr. Ing. C. BODE, Dipl.-Ing. E. PETZOLD, Dr. H. SIEGEL, Dr. R. BRODDACK, Ing. M. JUSEK und Ing. I. FÖRSTER.

Tab. 2 Charakterisierung der hydrothermal wenig geschädigten 5A-Zeolithe durch die adsorbierte Stickstoffmenge bei 293 K und 760 Torr sowie die Bestimmung der Monokieselsäureanteile mit Hilfe der Molybdatmethode

Zeolith	N_2-Menge mg · g^{-1}	Monokieselsäure-anteile %
5ACM [NaMg(33)Ca(46)A] Strang unaktiviert	21,5	100
5ACM Strang aktiviert auf bekannte Weise	9,5	45
5ACM Strang erfindungsgemäß aktiviert	17,0	92
5AZ Strang VEB Chemiekomb. Bitterfeld unaktiviert	22,7	95
5AZ Strang aktiviert auf bekannte Weise	11,2	60
5AZ Strang erfindungsgemäß aktiviert	15,0	85

Literatur

[1] Unveröffentlichte Ergebnisse.

[2] SCHÖLLNER, R., R. BRODDACK u. M. JUSEK, Z. phys. Chemie, Leipzig **262**, 362 (1981).

[3] DDR-Wp eingereicht.

[4] THILO, E., W. WIEKER u. H. STADE, Z. anorg. allg. Chem. **340**, 261 (1965).

[5] STADE, H., Z. anorg. allg. Chem. **441**, 29 (1978).

[6] DIMMAND, D., A DE JOUGE u. L. V. C. REES, J. phys. Chem. **87**, 1967 (1983).

[7] BRANDT, B., H. FÜRTIG, D. MICHEL u. M. PFEIFER, Z. phys. Chemie, Leipzig, **264**, 705 (1983).
[8] SCHÖLLNER, R., H. SIEGEL u. M. JUSEK, Z. anorg. allg. Chem. (in Vorbereitung).
[9] CAAK, T. E., W. A. CILLEY, A. C. SAVITSKY u. B. H. WIERS, Environ Sci. Technol. **16**, 344 (1982).
[10] LUTZ, W., B. FAHLKE, U. LOHSE u. R. SEIDEL, Chem. Techn. **35**, 250 (1983).
[11] LUTZ, W., B. FAHLKE, U. LOHSE, M. BÜLOW u. J. RICHTER-MENDAU, Crystal Res. & Technol. **18**, 513 (1983).

Klaus Anders

Zur Herausbildung aktiver Zentren in Cr_2O_3/Al_2O_3-Katalysatoren

Bereits in den 60er Jahren war ein ständig steigender Bedarf an aromatischen Kohlenwasserstoffen abzusehen, dessen zukünftige Deckung in der DDR nur über die Erschließung neuer unkonventioneller Verfahren zur Aromatenherstellung möglich erschien [1, 2]. Als ein derartiger alternativer Weg bot sich die Benzengewinnung durch katalytische Dehydrocyclisierung (DHC) von n-Hexan an [3]. Es ist das Verdienst von E. Leibnitz, mit sicherem Gespür für das Neue, Tragfähige diese Forschungsarbeiten gefördert und im Hinblick auf angestrebte großtechnische Realisierungen stets auf die notwendige enge Wechselwirkung mit der chemischen Industrie hingewiesen zu haben.

Eine wesentliche Aufgabe wurde in diesem Zusammenhang gemeinsam mit dem VEB Leuna-Werke „Walter Ulbricht" mit der Entwicklung eines industriell produzier- und einsetzbaren Katalysators gelöst [4]. Mit dem Katalysator der Zusammensetzung: 20 Masse-% Cr_2O_3, 4 Masse-% K_2O, 76 Masse-% Al_2O_3 (enthaltend 2-Masse-% SiO_2), wurde bei einer Reaktionstemperatur von 550 °C und einer Belastung von 0,5 g/g. Std. bei der Umsetzung von n-Hexan folgende Produktbilanz erzielt:

Flüssigprodukt	80...82 Masse-%
H_2 + C_1 bis C_4-KW	17,5...15,0 Masse-%
Benzen	76...80 Masse-%
Kohlenstoff	2,5...3,0 Masse-%
H_2 im gasförmigen Produkt	94...97 Vol.-%

Untersuchungen in einer kleintechnischen Wanderbettanlage bestätigten die Möglichkeit der selektiven Benzengewinnung durch katalytische Dehydrocyclisierung von n-Hexan [5]. Trotz der Vorteile, die die Realisierung des DHC-Verfahrens im Rahmen einer petrolchemischen Verbundwirtschaft aufweisen sollte, wurde dieser Schritt bisher nicht getan, sondern dem Reformingprozeß im Niederdruckbereich der Vorzug gegeben. Wie jedoch nachfolgend gezeigt wird, erwiesen sich Untersuchungen über die Herausbildung und Stabilisierung katalytisch aktiver Zentren in Cr_2O_3/Al_2O_3-Katalysatoren als wissenschaftlich außerordentlich interessant, wobei in der Literatur keine einheitlichen Auffassungen dazu existieren.

So plädierten Sloveckaja u.a. [6] für die Existenz und katalytische Relevanz von

Cr^{2+}-Ionen auf Grund ihres Reduktionsvermögens gegenüber H_2O und Fe^{3+}-Ionen. Diese Argumente wurden gestützt durch Ergebnisse, die von van Reijen u.a., [7] Shelef u.a. [8] und Ashmawy [9] bei Untersuchungen zur Reduktionsstöchiometrie und bei Einsatz der ESR erhalten wurden. Andererseits kamen V. B. Kazanski [10], Bremer u.a. [11], Marcilly und Delmon [12] sowie Segawa [13] auf Grund ihrer Experimente zu der Schlußfolgerung, daß koordinativ ungesättigte Cr^{3+}-Ionen die Träger der Aromatisierungsaktivität seien.

Angesichts dieser widersprüchlichen Literaturangaben nahmen wir Untersuchungen mit dem Ziel auf:

– den Verlauf der Reduktion regenerierter, d.h. im oxidierten Zustand vorliegender Cr_2O_3/Al_2O_3-Katalysatoren und die Herausbildung der Aromatisierungsaktivität zu klären,

– die Oxidationsstufen des Chroms in diesen Katalysatoren zu identifizieren,

– Aussagen über den Beitrag der gefundenen Chromspecies zur Aromatisierungsaktivität zu treffen,

– den Zustand des Chroms in chromdotierten Pt/Al_2O_3-Katalysatoren zu charakterisieren.

Wie bereits erwähnt, besitzen Cr_2O_3/Al_2O_3-Katalysatoren, überwiegend mit Alkalioxiden dotiert, hervorragende Dehydrier- und Aromatisierungseigenschaften gegenüber von Paraffinen. So verläuft die Dehydrocyclisierung von n-Hexan nach folgendem Reaktionsschema [14]:

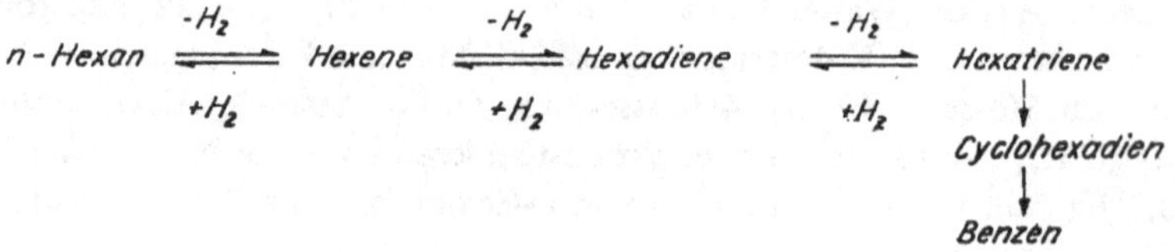

Dieser Reaktionsverlauf vollzieht sich naturgemäß unter der Bildung von Crackprodukten und der Ablagerung von Kohlenstoff auf der Katalysatoroberfläche. Letzterer Vorgang erfordert die Regeneration, d.h. den Kohlenstoffabbrand mit Luft. Wenn man nun Kohlenwasserstoffe an dem im oxidierten Zustand vorliegenden chromoxidhaltigen Katalysator zur Umsetzung bringt, beobachtet man eine heftige exotherme Reaktion unter Bildung von CO_2 und Wasser. In Abhängigkeit von der Reaktionstemperatur, der Belastung mit Einsatzprodukt und dem Chromoxidgehalt im Katalysator kann der Zeitraum bis zur Wiederherstellung der Aromatisierungsaktivität bis zu 30 min betragen. Die beobachtete Erscheinung nennt man Formierung oder break in. Während der exothermen Reaktion (Wasserbildung) vollzieht sich die Reduktion der Cr^{6+}-Ionen zu niederwertigen Chromionen. Der verzögerte Anstieg der Aromatisierungsaktivität wurde bislang der vergiftenden Wirkung des bei Cr^{6+}-Reduktion gebildeten Wassers zugeschrieben.

Bei kinetischen Untersuchungen zur Dehydrocyclisierung von n-Hexan im Differential-Kreislaufreaktor wurden von W. Saffert und W. Grünert Anzeichen dafür erhalten, daß auch nach Beendigung der Formierungsperiode eine Weiterreduktion des Katalysators erfolgt. Am alkalisch promotierten Cr_2O_3/Al_2O_3-Katalysator von W. SAFFERT durchgeführte Messungen zur temperaturprogrammierten Reduktion (TPR) bewiesen eindeutig, daß nach dem break in eine langsame Weiterreduktion abläuft [15].

Ausgehend von diesem Kenntnisstand wurden von W. GRÜNERT gezielte Untersuchungen im Impulsreaktor aufgenommen. Besonderes Augenmerk wurde dabei der Reinheit der eingesetzten Gase und Kohlenwasserstoffe gewidmet und erstmalig eine quantitative Erfassung und Bestimmung der Reaktionsprodukte ermöglicht [16, 17], so daß sich die Aussagekraft dieser Ergebnisse erheblich erhöhte. Dabei wurde gefunden, daß die heftig verlaufende exotherme Reduktion des Katalysators bereits zum Zustand der vollen Aktivität führt. Der dabei gemessene Verbrauch an Reduktionsmittel deutet bei Berücksichtigung von Chemisorptionseffekten auf das Entstehen von 3-wertigem Chrom in dieser ersten Reduktionsphase hin. Der sich anschließende langsame Reduktionsschritt führt nicht zu einem Zustand höherer Aktivität.

Eine eindeutige Aussage über die sich im Ergebnis der Formierung herausbildende katalytisch aktive Spezies in chromoxidhaltigen Katalysatoren und den im Ergebnis der langsamen Reduktion entstehenden nichtaktiven Chromzustand sollte mit Hilfe von ESCA-Untersuchungen möglich sein.

Im Rahmen der internationalen Kooperation zwischen der AdW der DDR und der AdW der UdSSR erhielt mein Mitarbeiter W. GRÜNERT die Gelegenheit zu einem Arbeitsaufenthalt im Institut für organische Chemie der AdW der UdSSR in Moskau. In dem von Akademiemitglied CH. M. MINACHEV geleiteten Bereich konnte W. GRÜNERT gemeinsam mit E. S. SHPIRO röntgenphotoelektronen-spektroskopische Untersuchungen an chromhaltigen Katalysatoren vornehmen [18]. Mit Hilfe der Röntgen-Photoelektronenspektroskopie können die chemischen Elemente der Oberflächenschicht, differenziert nach ihrer Oxidationsstufe, sichtbar gemacht werden. Die Bindungsenergie (E_B) des Cr2p-Dubletts ändert sich pro formale Oxidationsstufe um $\sim$1 eV. Der Abstand zwischen den Dublettkomponenten, die Spin-Orbital-Aufspaltung ΔE_{SO}, ist, wie noch zu zeigen ist, vom Wertigkeitszustand des Chroms abhängig.

Folgende Katalysatoren wurden untersucht:

C20K4: 20 Masse-% Cr_2O_3 + 4 Masse-% K_2O auf γ-Al_2O_3
C10: 10 Masse-% Cr_2O_3 auf γ-Al_2O_3
C3: 3 Masse-% Cr_2O_3 auf γ-Al_2O_3
C1,8PtO,62: 0,62 Masse-% Pt + 1,8 Masse-% Cr_2O_3 auf γ-Al_2O_3
C1,8Pt2,ORe1,35: 2 Masse-% Pt, 1,35 Masse-% Re, 1,8 Masse-% Cr_2O_3 auf γ-Al_2O

Die Katalysatoren wurden 120 min bei 823 K (773 K für Pt-haltige Proben) in Luft calciniert. Die Reduktion mit H_2 erfolgte in einem von W. GRÜNERT und H. J. POMMRICH entwickelten und gebauten Reaktor mit Schleuse, der nach Ankopplung die ohne Reoxydation verlaufende Überführung der Proben in das Spektrometer bei Argonspülung ermöglichte. Die Pt-haltigen Katalysatoren wurden einer 1-stündigen Vorreduktion bei 773 K in H_2 unterzogen oder 1 Stunde lang bei 773 K mit einem n-Hexan/H_2-Strom belastet, um eine Kohlenstoffbedeckung der Oberfläche zu erzielen.

Die Spektren wurden am Spektrometer AEIES 200B mit AlK_α-Anregung (1486,6 eV) aufgenommen. Alle Linien wurden auf die C1s-Linie des Kohlenstoffs (E_B: 285,0 eV) bezogen. Die Cr2p-Spektren wurden punktweise in den Prozeßcomputer DS300 des Kombinationsspektrometers XSAM 800 (Kratos Ltd.) überführt und mathematisch analysiert. Die Cr2p-Spektren wurden bei Berücksichtigung spektroskopischer Regeln in Sätze von Gaußkurven zerlegt. Diese Aufgabe wurde im Bereich zwischen den Dublettkomponenten durch die Satelliten der $2p^{3/2}$-Linie des Cr^{3+} erschwert. An Proben, die ausschließlich das Cr^{3+}-Signal zeigten, wurden Hauptlinie und Satellit studiert und die gefundenen Abstände und Größenverhältnisse auf die Spektren der Katalysatorproben übertragen. Werte für E_B und ΔE_{SO} werden mit einer Genauigkeit von 0,2 eV angegeben.

Abbildung 1 vergleicht die Cr2p-Spektren des Katalysators C20K4 in Abhängigkeit von der Vorbehandlung. Im oxydierten Zustand (1a) zeichnen sich die Signale von Cr^{6+} und Cr^{3+} mit den Satelliten ab. Die ermittelten E_B und E_{SO}-Werte stimmen gut mit Literaturangaben überein [19–22]. Nach 10-minütiger Reduktion in H_2 bleibt im Spektrum allein das Dublett des Cr^{3+} (1b). 2-stündige Reduktion bei 550°C (1c) führt zu einem neuen Signal, dessen Bindungsenergie sich von der des Cr^{2+} stark unterscheidet und sogar unter dem für metallisches Chrom bestimmten Wert liegt. Das Signal für die reduzierten Proben ist durch $E_B = 571{,}7-572{,}0$ eV charakterisiert (siehe auch Tabelle 1). Bei den platinhaltigen Katalysatoren (Abb. 2) tritt es im Falle der verkokten Proben als Hauptkomponente auf (2b und 2c) bei ausgeprägtem Dublettcharakter ($\Delta E_{SO} = 9{,}6-10{,}0$ eV). Wir ordnen dieses Signal Cr(O) in starker Wechselwirkung mit dem Träger (Al_2O_3) zu. Der Anteil der Cr(O)-Linie am Gesamtspektrum, ein Maß für den Reduktionsgrad, nimmt mit steigender Reduktionstemperatur und sinkendem Chromoxidgehalt im Katalysator zu. Für die platinhaltigen Proben ist ein erhöhter Reduktionsgrad für die verkokten Muster zu registrieren (siehe auch Tabelle 1).

Das nach Reduktion auf Al_2O_3 als Trägermaterial gebildete nullwertige Chrom unterscheidet sich stark vom kompakten Metall. Aufschluß über das Wesen dieses Unterschiedes ist anhand der gemessenen Spin-Orbital-Aufspaltungen zu erhalten, da deren Unterschiedlichkeit beim Chrom auf Wechselwirkungen zwischen den entweichenden Fotoelektronen und den ungepaarten d-Elektronen zurückzuführen ist. ΔE_{SO} ist daher bei Cr^{3+} größer als bei Cr^{6+} (keine ungepaarten d-Elektronen). Der niedrige Wert für kompaktes Metall erklärt sich aus der Delokalisierung der d-Elektronen in dessen Bänderstruktur. Die für Cr(O)Al_2O_3 nachgewiesene im Vergleich zu Cr^{3+} stärkere Spin-Orbital-Aufspaltung deutet auf die Existenz ungepaarter 3d-Elektronen hin. Dieser Tatbestand spricht gegen die Metallbandstruktur und für das Vorliegen des Chroms in atomarer Dispersion. Dabei existiert Übereinstimmung mit der erhöhten Reduzierbarkeit bei niedrigen Chromkonzentrationen im Katalysator und dem bei EPR-Studien nachgewiesenen Verschwinden des isolierten Cr^{3+}-Ionen zugeschriebenen Signals nach Langzeitreduktion. Größere Schwierigkeiten

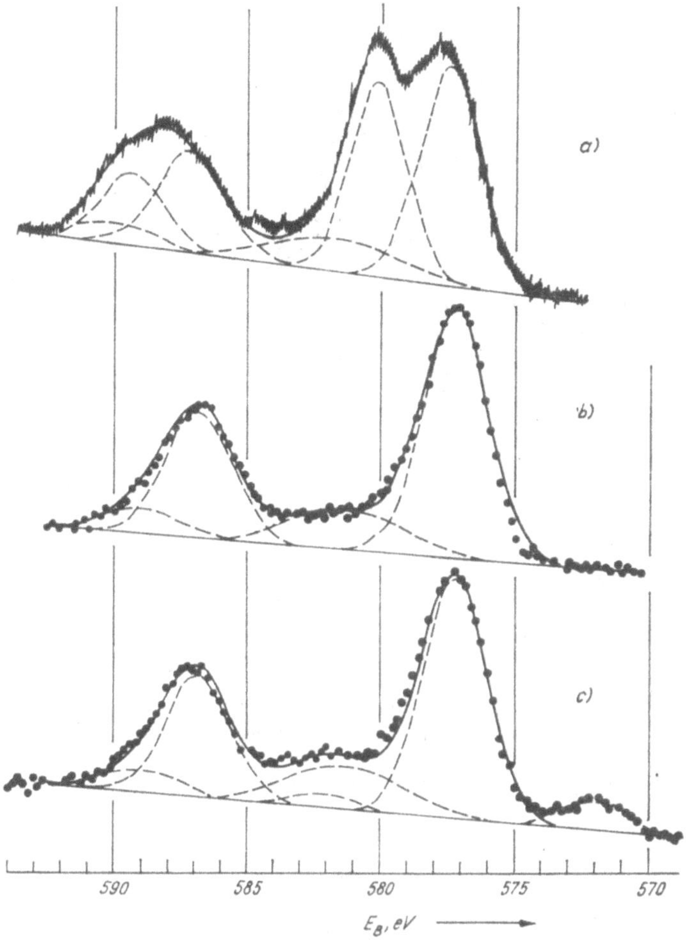

Abb. 1 Cr2p-Spektren des Katalysators C20K4
a) 0823/120 b) R 773/10 c) R 773/120

bereitet die Erklärung für die Verschiebung der Cr2p-Linie für Cr(O)/Al_2O_3 gegenüber der des kompakten Metalls. Wir nehmen an, daß dieser Effekt auf eine intensive Wechselwirkung zwischen dem hochdispersen Cr(O) und dem Al_2O_3-Träger, die eine erhöhte Elektronendichte an den Chromatomen bewirkt, zurückzuführen ist. So könnte lokal die Reduktion von Al_2O_3 in unmittelbarer Nähe der Chrompartikel ablaufen, die zur Bildung kleiner Al/Cr-Cluster führen und eine Ladungsverschiebung von Aluminium auf Chrom verursachen würde. Hier steht unser Postulat in Analogie zum erst vor wenigen Jahren aufgezeigten Phänomen einer starken Metall-Träger-Wechselwirkung (strong metal support. interaction $\triangleq$ SMSI). Dabei wird mit zu-

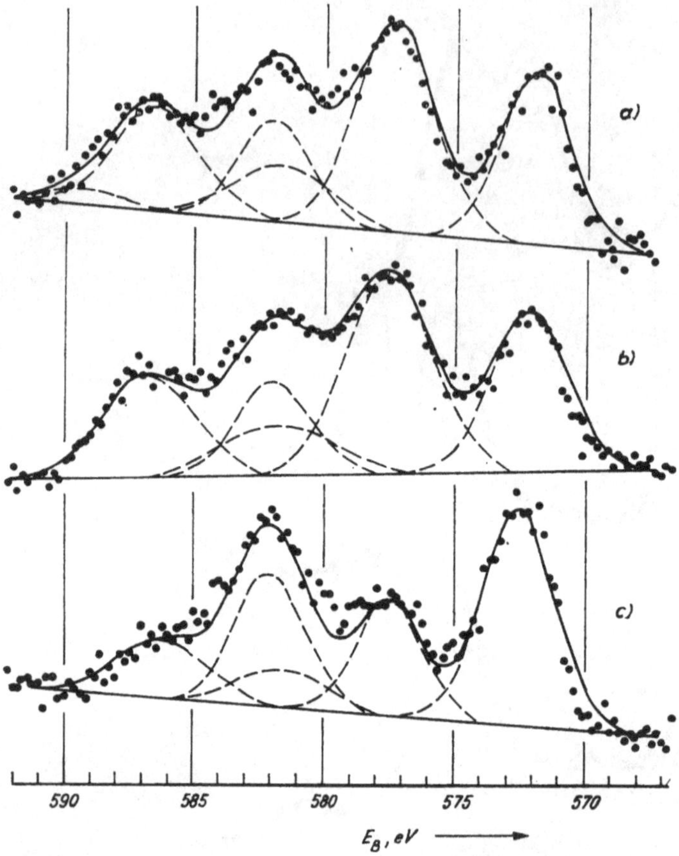

Abb. 2 Cr2p-Spektren mit hohem Anteil des Cr(O)-Signals
a) C3, R 823/120
b) C1,8PtO,62, R 773/60
c) C1,8PtO,62, R 773/60
(verkokt)

nehmender Reduktionstemperatur die Negativverschiebung der Bindungsenergie für Cr2p leicht verstärkt. Es bleibt jedoch zu berücksichtigen, daß der Nachweis von nullwertigem und an Elektronen verarmtem Aluminium im Spektrum der Proben mit niederen Chromgehalten bisher nicht gelang. Andererseits lassen sich auch Ergebnisse der Reduktion im feuchten Milieu bzw. der TPR ohne Annahme einer starken Stabilisierung des Chroms, wie immer sie auch geartet sein mag, überhaupt nicht verstehen. Es muß jedoch darauf verwiesen werden, daß die bezüglich Chrom getroffenen Feststellungen nur für Aluminiumoxid als Trägermaterial Gültigkeit besitzen. Analogieschlüsse zum SiO_2 als Trägermaterial verbieten sich [23].

Tab. 1 Bindungsenergie der $Cr2p^{3/2}$-Linie und Spin-Orbital-Aufspaltung für Katalysatoren, die Cr_2O_3/Al_2O_3 enthalten

Typ	Vorbehandlung K	min	Cr^{3+} E_B	ΔE_{SO}	Cr^{6+} E_B	Cr(O) E_B	ΔE_{SO}	Flächen- Cr(O)
C20K4	O 823	120	577,4	9,7	580,4	–	–	–
	R 773	10	577,3	9,6	–	–	–	–
	R 823	120	577,2	9,6	–	572,0	10,2	8
	R 923	120	577,1	9,6	–	571,7	9,9	15
C10	R 823	120	577,6	9,7	–	572,6	10,1	17
	R 923	120	577,6	9,4	–	571,9	9,9	22
C3	R 823	120	577,4	9,1	–	572,0	10,0	35
	R 923	120	577,6	9,2	–	571,8	9,8	38
C1,8 Pt0,62 verkokt	R 773	60	577,5	9,2	–	572,5	9,6	67
C1,8 Pt2,0 Re1,35 verkokt	R 773	60	577,4	9,3	–	572,8	9,7	52

O ≙ oxydiert R ≙ reduziert ....

Literaturangaben: Cr(III) in Cr_2O_3/Al_2O_3 $E_B = 577{,}2...6$ eV; $\Delta E_{SO} = 9{,}8$ eV
Cr(VI) in Cr_2O_3/Al_2O_3 $E_B = 579{,}7...580{,}6$ eV
Cr metallisch $E_B = 574{,}0...4$ eV; $\Delta E_{SO} = 9{,}1...3$ eV

Auch für platinhaltige Cr_2O_3/Al_2O_3-Katalysatoren wurde nach reduzierender Behandlung das Vorliegen von nullwertigem Chrom nachgewiesen. Während ein katalytischer Einfluß des Platins auf die Chromoxidreduktion nicht eindeutig nachweisbar war, wurde für verkokte Proben gezeigt, daß Platin die Reduktion von Chromoxid durch Kohlenstoff katalysiert. Es darf geschlußfolgert werden, daß in großtechnisch nunmehr einsetzbaren Pt/Re/Cr-Katalysatoren unter den üblichen Prozeßbedingungen (~500 °C, ~1 MPa) das Chrom weitgehend im metallischen Zustand vorliegt. Damit ergeben sich neue Gesichtspunkte für die Interpretation des nachgewiesenen aktivitätsverbessernden und stabilitätserhöhenden Effekt von Chrom in technisch einsetzbaren Reformingkatalysatoren.

Literatur

[1] Nowak, S. u. Anders, K., Chem. Techn. **24** (1972) 672.
[2] Nowak, S. u. Anders, K., Chem. Techn. **25** (1973) 85.
[3] Nowak, S., Friedrich, G. u. Keil, G., Chem. Techn. **31** (1979) 395.
[4] W.P. (DDR) 60746 v. 20. 4. 1967/20. 3. 1968.
[5] Vieweg, H. G., Knapp, K. et al., Chem. Techn. **35** (1983) 513.

[6] Sloveskaja, K. I., Rubinstein, E. M. et al., Isvest. Akad. Nauk SSSR, Ser. Chim. **1975**, 1476.
[7] Van Reijen, L. L., Sachtler, W. M. H. et al., Proc. III-Internat. Congr. Catal. Amsterdam **1964**, 829.
[8] Shelef, M., J. Catal. **15** (1969) 289.
[9] Ashmawy, F. M. u. Steiner, H. M., J. Chem. Soc. Faraday I **73** (1977) 1646.
[10] Kazanski, V. B., Kinetika i Kataliz **8** (1967) 1125.
[11] Bremer, H., Muche, J. u. Wilde, M., Z. anorg. allg. Chem. 407 (1974) 40, 51.
[12] Marcilly, C. u. Delmon, B., J. Catal. **24** (1972) 336.
[13] Segawa, K. I., Ishi, N. u. Ueda, H., Japan. Petrol. Institute **22** (1979) 2, 84.
[14] Rozengart, M. I. u. Kazanski, B. A., Usp. Chim. **40** (1971) 1537.
[15] Grünert, W., Saffert, W., Feldhaus, R. u. Anders, K., J. Catal. zur Publ. eingereicht.
[16] Grünert, W., Kopinke, F. D. u. Feldhaus, R., Chem. Techn. **35** (1983) 147.
[17] Grünert, W., Rodewald, D. u. Anders, K., React. Kinet. Catal. Letters **21** (1982) 511.
[18] Grünert, W., Shpiro, E. S., Feldhaus, R., Anders, K. et al., 5th Seminar on Electron Spectroscopy of Socialist Countries, Dresden, 26.–29. 8. 1984.
[19] Okamoto, Y., Fuji, M. et al., Bull. Chem. Soc. Japan **49** (1970) 859.
[20] Jagannathan, K., Srinivasan et al., J. Catal. **69** (1981) 418.
[21] Merryfield, C. R., McDaniel, M. et al., J. Catal. **77** (1982) 382.
[22] Best, S. A., Squires, R. G. et al., J. Catal. **35** (1974) 345.
[23] Grünert, W., Shpiro, E. S., Feldhaus, R. u. Anders, K., J. Catal. zur Publ. eingereicht.

Eberhard Leibnitz

Schlußwort

Meine lieben Kolleginnen und Kollegen,
liebe Freunde!

Hier in diesem Hause noch einmal einen Überblick zu bekommen, wie vielfältig sich manches entwickelt hat, was wir mit ganz spezifischen Zielsetzungen angefangen haben, muß zunächst damit beantwortet werden, daß ich mich bedanke. Ich bedanke mich bei allen, die hier heute gesprochen haben und die sich bemüht haben, auf etwas zurückzugreifen, was wir an dieser Stelle angefangen haben.

Mich hat das nicht nur gefreut, sondern auch recht nachdenklich gemacht. Sie, lieber Herr KLARE, waren hier, als wir in einem Zustand des ersten Beginnens im Seitenflügel gerade anfingen, einige Laboratorien nutzbar zu machen. Das erinnert mich daran, daß natürlich zu der damaligen Zeit die Einrichtung eines Laboratoriums auch ein kleines Stückchen „Hexerei“ war – es gab keine fertigen Labortische zu kaufen. Wir mußten so etwas mauern! Wir haben dann Fliesen beschafft, aber ich weiß nicht woher, und ich weiß auch nicht, ob die Wege immer legal waren. Denn gerade dieser Tatbestand, daß wir zunächst einmal ohne Zugriff auf Importe und viele andere Dinge improvisieren mußten, hat uns schnell an einen Punkt gebracht, wo wir uns nicht mehr davor gefürchtet haben, daß außerhalb unserer Welt der apparative und der wissenschaftliche Fortschritt so groß war, daß man meinen konnte, wir würden ihn nicht wieder einholen. Wir haben ihn zum Teil auch mit Nachbauten eingeholt. Der erste Gaschromatograph, den wir hier gebaut haben, konnte sich eigentlich neben denen, die scheinbar schon kommerziell reif waren, ganz gut sehen lassen. Hätten wir seinerzeit volkswirtschaftlich die Fähigkeiten gehabt, solche Geräte gleich als Verkaufsobjekt einzuführen, wären wir vielleicht heute mit unter denjenigen, die Gaschromatographen international mit hohem Stand anbieten.

Es ist eine Fülle von Dingen, daß ich nur ein Beispiel herausgreifen kann, von dem ich sagen muß: Ohne Sie, die hier zu einem erheblichen Teil vor mir sitzen, wäre das natürlich nicht gelungen. Sie mußten ja etwas zur Sache tun. Das tun, was am nötigsten ist, nämlich die Arbeit am Laborplatz. Und daß das vordergründig geblieben ist, das haben mir die heutigen Vorträge gezeigt. Das freut mich. Denn Sie wissen, daß ich nach wie vor auf dem Standpunkt stehe, daß die Chemie bei aller Anerkennung der Fortschritte der Theorie eine Experimentalwissenschaft ist, und daß wir auch innerhalb der nächsten Zeit auf diese experimentelle Seite setzen sollten, wenn wir weitere Erfolge erzielen wollen.

Dabei ist noch etwas, wo ich eigentlich heute sagen kann: Ich freue mich, daß ich mich nicht getäuscht habe, obwohl ich seinerzeit natürlich keineswegs so sicher war. In der industriellen Warenproduktion wird der Fortschritt im wesentlichen daraus kommen, daß wir Einsatzprodukte genauer kennen und daß wir den Prozeß besser analysieren können. Das war der Punkt, als bei mir die Einsicht wirksam wurde, daß wir aus wachsenden Kenntnissen und Erkenntnissen am Prozeß — eine bessere Analytik vor der Reaktion und nach der Reaktion —, wahrscheinlich den größeren Gewinn haben. Seinerzeit stand die chemische Industrie noch weitgehend auf dem Standpunkt: Es ist ja gar nicht so schlimm, wenn nicht primär optimale Umsetzung erfolgt. Man kann durch die Aufarbeitung alles wieder gut machen. Was heute vorgetragen worden ist, zeigt, daß nicht ich, sondern *wir* recht behalten haben, auch wenn heute an anderer Stelle apparative Möglichkeiten noch weiter reichen, als hier in diesem Haus. Wenn ich sage dieses Haus, dann meine ich auch die Häuser, die dann die Herren WEISS und MÜHLENPFORDT mit mir gebaut haben. Ich glaube, einen kleinen Anteil, trotz der spezifischen Planung für einen ganz spezifischen Zweck, haben wir auch daran. Nachdem dann auch dieser Mitteltrakt hier wieder aufgebaut war, waren wir uns im Anfang sehr im Unklaren, ob wir auch gleich wieder Laboratorien daraus machen. Ich war dagegen; die Bibliothek hat sich auch bewährt. Nun ist zum Teil wieder eine Rückverwandlung eingetreten. Das hatten uns Erfahrungen mitgegeben in der Planung, in der Projektierung, in der Frage der Kosten, die sich in den beiden anderen Bauten sehr positiv niedergeschlagen haben, wo wir also eigentlich doch mit Aufwendungen gebaut haben, die heute zu dem gehören, was man beinahe als Fehlergröße ansieht. Das hängt mit vielen anderen Faktoren zusammen und ist nicht nur unser Verdienst. Für den damaligen Stand der Dinge waren es sehr moderne Bauten. Was wir dabei erarbeitet hatten, beispielsweise die Versorgung von oben nach unten statt von unten nach oben, ist ja doch in fast allen neuen Laboratoriumsbauten unserer Akademie eingegangen.

So freut mich vieles, was heute hier noch einmal angeklungen ist: So die Tatsache, daß wir prinzipiell uns nicht auf verkehrten Wegen bewegt haben, daß wir nach wie vor neben einer immer besser auch theoretisch fundierten Synthesechemie — ich möchte das ausdrücklich betonen — das haben, was wir früher eine „schwarze" Chemie nannten, von Naturstoffen mit Kohlenstoffgehalten und Kohlenstoffverbindungen ausgehend erst einen Weg in die Startprodukte zu finden, die dann eine „saubere" Chemie ausmachen. Dort ist genau der gleiche Ablauf zu verzeichnen: Je besser ich das Ausgangsmaterial kenne, um so eher kann ich zu gezielten Ausbeuten an gewünschten Produkten kommen. Das hat auch heute noch einmal die Vortragsauswahl in sehr verschiedenen Dimensionen deutlich gemacht.

Daher lassen Sie mich noch etwas sagen, was vielleicht auch in der Zukunft nicht ganz stimmen wird. Aber da nun einmal die Steinkohle der weitaus größte Weltvorrat auf dem Gebiet der Kohlenstoffträger für lange Zeit ist, so sehen wir das heute bevorzugt unter dem Blickwinkel, daß man mit bewährten und bestandenen Methoden, die sich großtechnisch sicherlich apparativ noch ausbauen lassen, als das heute der Fall ist, Synthesegas machen kann. Dann folgt der Schritt zum Methanol, und wie gut es dann weitergeht, hat hier ja gerade noch einmal der Vortrag gezeigt. Von diesen

Steinkohlenvorräten (und nicht nur von den Reserven, sondern auch von den Ressourcen) sind ungefähr 5% Anthrazit und nur ungefähr 20% Magerkohlen und Kokskohlen, also solche, die bei einer thermischen Zersetzung nur etwa 22% flüchtige Anteile ergeben. Der Rest sind Kohlen, die im Regelfall 45–50% flüchtige Produkte bei einer normalen thermischen Zersetzung ergeben. Eine große moderne Koksbatterie ist natürlich ein Reaktor, der weitgehend automatisiert ist, auch in einer entscheidenden Stelle. Das ist diejenige, wo man, um mit den weiteren Schritten der Aufbereitung der Spaltprodukte bequem fertig zu werden, in einer Vorlage mit Gaswasser abschreckt, obwohl man weiß, daß aus dem Spaltprozeß selbst die reaktivsten Formen des Angebotes von Kohlenstoff in Kohlenwasserstoffbruchstücken vorliegen, nämlich als Ionen. Wenn man daran denkt, daß wir doch heute analytisch im Laboratorium mit Kurzzeitreaktionsuntersuchungen weiterkommen können, dann möchte ich eigentlich voraussagen, daß man sich zu dem Zeitpunkt, wo Erdgas knapper wird, wo Erdöl teurer wird (und das geht schneller, als man wahrscheinlich annimmt) noch einmal mit der thermischen Zersetzung und einer gelenkten Folgereaktion weiterbeschäftigen wird. Es kann sein, daß das erst in 10–15 Jahren oder später der Fall ist. Aber eins ist sicher: Was bis jetzt auf diesem Gebiet auch von Ihnen weiterhin getan wird, wird genau so eingehen wie das, was mitgebracht worden ist, als wir selber in die „schwarze“ Chemie eingestiegen sind. Sie haben mir dabei geholfen.

Ich möchte noch einmal auf das herzlichste danken und darf mit diesem Dank auch gleichzeitig sagen: Sie haben mit Freude gemacht.

Kolibri 360 GmbH
Ferdinand-Jühlke-Straße 7
99095 Erfurt, Deutschland
produktsicherheit@kolibri360.de